Lichens
지의류의 자연사

전 세계 지의학 발전을 크게 기여한 피터 제임스에게 바친다.

LICHENS by William Purvis

Lichens was first published in England in 2000 by The Natural History Museum, London.
Copyright © Natural History Museum, 2000
All rights reserved.

This Korean Edition was published by GEOBOOK publishing co. in 2016 by arrangement with Natural History Museum, London through KCC (Korea Copyright Center Inc.), Seoul.

이 책은 (주)한국저작권센터(KCC)를 통한 저작권자와의 독점계약으로 지오북(GEOBOOK)에서 출간되었습니다. 저작권법에 의해 한국 내에서 보호를 받는 저작물이므로 무단전재와 복제를 금합니다.

지의류의 자연사
LICHENS

매혹적인 생명체 지의류의 생태, 다양성, 가치

윌리엄 퍼비스 지음 | 문광희 옮김

LICHENS

차례

머리말 ___5

지의류는 무엇인가? ___7
지의류의 생장, 번식, 분산 ___21
지의류의 다양성 ___35
진화, 분류, 명명법 ___48
생태적 역할 ___51
숲의 지의류 ___58
극한 환경의 지의류 ___64
바이오모니터링 ___78
탐사와 기록 ___90
경제적 이용 ___94
프로젝트 실무 ___101

용어설명 ___110
찾아보기 ___112
참고자료 ___116
감사의 글 ___117
옮긴이의 말 ___119

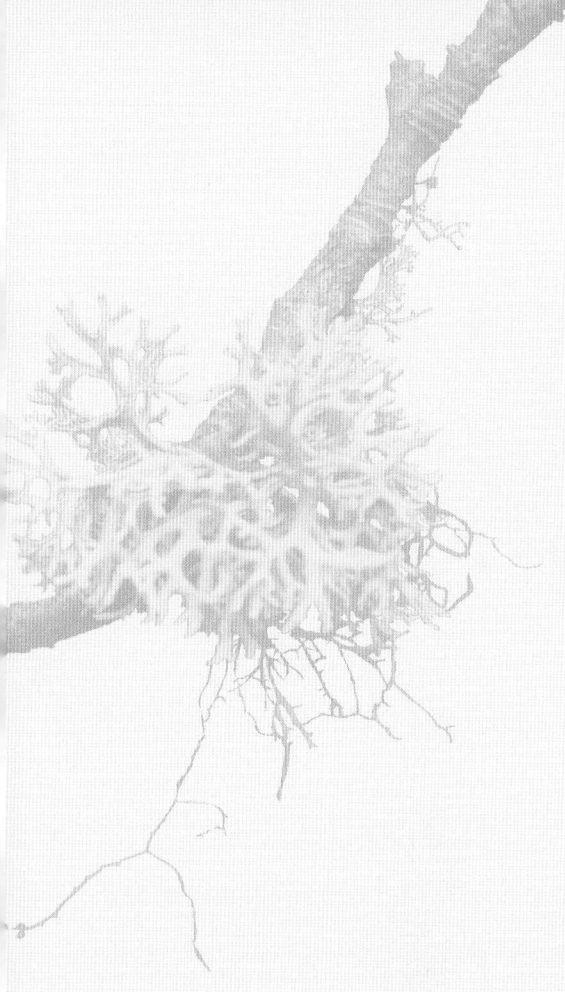

LICHENS
머리말

이 책은 매혹적인 지의류(lichens)의 세계를 탐구한다. 지의류는 거의 어디에나 존재하고, 둘 이상의 생명체가 공존하는 공생의 가장 성공적인 사례를 보여 준다는 점에서 생태계의 축소판이다. 지의류가 어떻게 형성되었는가는 생물학에서 가장 큰 수수께끼 중 하나이다. 소금이 나트륨, 염소와 동일하지 않은 것처럼 지의류 역시 지의류를 구성하고 있는 생물체와 같지 않다. 지의류는 지의류를 구성하는 생물체를 배양하여 분리되는 균류(fungus) 및 조류(alga)와는 형태학적, 생리학적, 생화학적으로 매우 다르다. 지의류는 북극 툰드라, 열대사막, 열대우림, 암석해안, 유독성 폐석(廢石) 더미 등 거의 지구 전역에 분포한다. 이러한 곳들은 대부분 생태계 파괴와 환경오염에 취약하다. 지구상에 풍부하고 다양하게 존재하는 지의류는 우리가 환경에 어떤 영향을 미치고 있는지 측정하는 데 굉장히 유용한, 자연이 준 유산이다.

지의학(lichenology)은 흥미진진한 발전 단계에 있으며 생물학자, 화학자, 지질학자, 그리고 환경 관련 과학자와 컨설턴트 및 산업계로부터 많은 관심을 받고 있다. 전 세계 학생들은 지의류를 대기의 질을 파악하는 생물지표로 많이 사용하고 있다. 지의류가 생태계의 축소판처럼 보여 주는 생물다양성(biodiversity)을 이해하면 많은 것을 얻게 될 것이며, 미래에 환경의 건강도를 감시하는 것뿐 아니라 신약을 개발하고 오염된 곳을 정화하는 등의 중요한 기술 진보를 가져올 것이다.

붉은왕관깔때기지의(*Cladonia cornucopioides*)의 붉은색 생식기가 특징적으로 그려진 커스터드 컵. 윈저 성의 왕실 소장품으로 플로라 다니카 도자기 세트 중 일부이고, 1863년 웨일스 공(앨버트 왕세자)과 덴마크 공주 알렉산드라의 결혼식에 증정되었다.

지의류는 무엇인가?

많은 사람들은 지의류가 이끼(선태류, mosses)와 유사한 단순한 생명체라고 생각한다. 하지만 지의류는 적어도 두 개의 생명체, 즉 균류(균체, mycobiont)와 광합성자(조류, photobiont)로 이루어진 작은 생태계이다. 엽록소를 갖는 광합성자는 녹조류와 시아노박테리아(청록색의 광합성 색소를 지니고 있고 일반적으로 '남조류'라고 함)인데, 시아노박테리아는 완전히 다른 생물계에 속한다. 비록 두 개의 생명체가 같이 있다 해도 결

◀ 지의류로 덮여 있는 울타리 기둥. 주황색으로 잎 모양인 것은 붉은녹꽃잎지의류(*Xanthoria* sp.), 녹색으로 소관목 형태인 것은 송라류(*Usnea* sp.), 연회색으로 왼쪽에 붙은 잎 모양인 것은 주머니지의류(*Hypogymnia* sp.), 검은색과 흰색으로 맨 위쪽에 들러붙어 있는 것은 큰오목지의류(*Thelomma* sp.)이다. _미국 북캘리포니아 해안 언덕

▲ 지의류(나무지의류 *Stereocaulon* spp., 사슴지의류 *Cladonia* spp.)와 선태류(서리이끼류 *Rhacomitrium*, 검정이끼류 *Andreaea*, 솔이끼류 *Polytrichum* spp.)와 관목으로 덮여 있는 바위. _캐나다 퀘벡 주 로랑티데 대공원

합 또는 공생은 간단한 혼합 형태가 아니다. 오히려 완전히 다른 지의체(lichen thallus)를 형성하게 된다. 이것은 지의류를 이루는 두 개의 공생체를 실험실에서 분리하여 배양한 것과는 아주 다른 모습이다. 지의류의 학명은 균류를 기준으로 부르는데, 이는 지의류마다 특유의 균류를 갖고 있기 때문이다. 녹조류와 시아노박테리아는 그들만의 고유한 이름으로 불리며, 대부분의 경우 여러 다른 지의류에도 존재한다.

균류와 녹조류 또는 시아노박테리아는 지의류에서 다양한 방식으로 조합한다. 열대성 지의류인 유사오랑캐꽃말지의류(*Coenogonium*, 47쪽 참조)처럼 단순히 균사와 조류가 공존하기도 한다. 반면에 대부분의 지의류는 자세한 실험 없이도, 유기적으로 결합된 단일 독립체로 존재한다는 것을 알 수 있다. 1982년 국제지의학회(IAL: International Association of Lichenology)에서는 지의류를 '안정된 지의체라는 구체적인 구조를 이루고 있는 균류와 광합성 공생체의 결합'이라고 규정하였다. 그렇지만 한 지의체 내에 여러 종류의 공생체가 존재할 경우 각자의 역할이 무엇인지에 대해서는 아직까지 밝혀지지 않았다.

균류와 조류가 공생을 통해 얻는 이점이 무엇인가는 아주 흥미로운 물음이다. 많은 생물학자들은 지의류를 둘 또는 그 이상의 생명체가 공존하는 공생체의 이상적인 예로 여기는데, 이는 지의류가 광범위하게 분포하고 지의류 안에 공생하는 조류가 안정적으로 존재하기 때문이다. 어떤

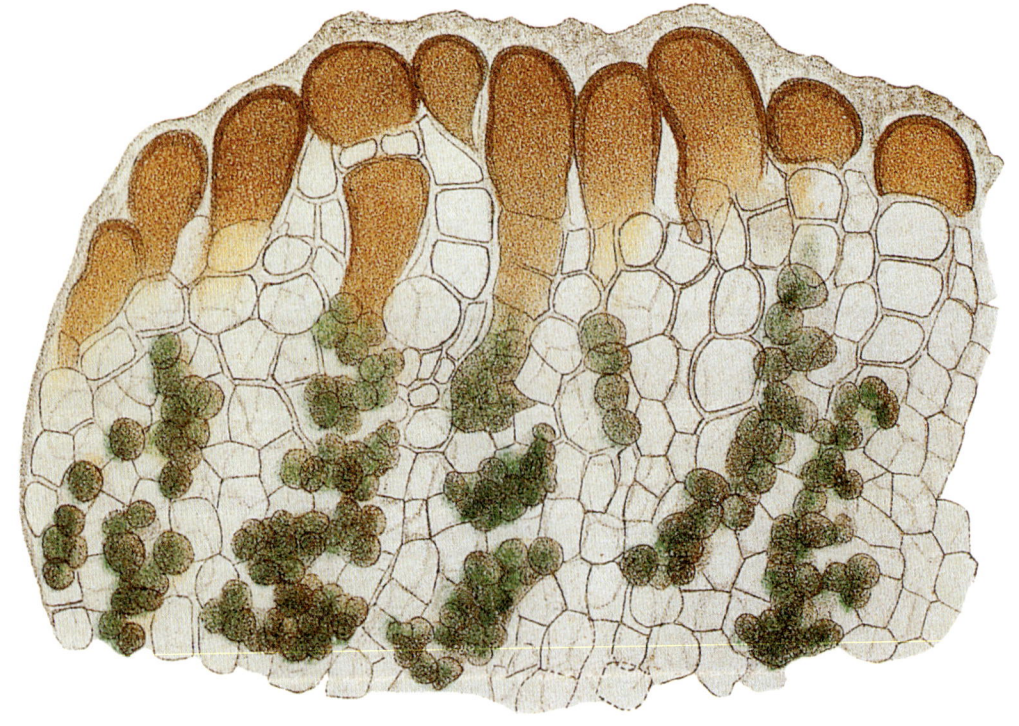

▶ 조류의 세포를 볼 수 있는 로젯트찰흙지의(*Heppia adglutinata*)의 단면(슈벤데너, 1869).

학자들은 지의류를 구성하는 두 생명체의 관계는 일종의 통제된 기생 생활로, 조류는 균류의 동반자라기보다 희생자로 보고 있다. 스위스의 시몬 슈벤데너(Simon Schwendener)는 지의류의 이중성을 처음 밝혔다. 1869년 그는 다음과 같이 기록했다.

내가 연구한 바에 따르면, 지의류는 간단한 식물은 아니고 그렇다고 일반적인 뜻의 보통 개체로도 볼 수 없다. 지의류는 어느 면으로는 그들 자신과 그들의 주인을 위한 양분을 준비하기 위하여 수십만의 독립적인 개체들이 영원히 종속되어 군체를 이루고 있는 것으로 보인다. 이런 균류는 다른 생물이 이루어 놓은 것을 취하여 사는 데 익숙한 자낭균강에 속한다. 균류의 노예는 조류이며, 균류는 조류를 찾아내 단단히 붙잡고는 조류에게 서비스를 강요하는 것이다. 균류는 조류를 거미줄처럼 촘촘한 망사 형태로 둘러싸면서 점점 뚫기 어려운 막으로 변환한다. 거미는 먹이를 빨아먹고 죽게 내버려 두지만, 균류는 자기가 쳐 놓은 망 안에 들어온 조류의 활동을 활발하게 하여 더 빨리 증식하게 한다.

슈벤데너의 관점은 그 당시 매우 혁명적이었고, 이중 가설로 불리었으나 보편적으로 받아들여지지는 않았다. 실제로 그의 이론은 그 당시 대부분의 주류 지의학자들에게 멸시를 받으며 거부당했다. 그들 중 한 명인 스코틀랜드 목사 제임스 크롬비(James Crombie)는 "지의학의 로맨스, 즉 억류된 조류라는 처녀와 폭군인 균류라는 주인과의 비상식적인 조합이다."라고 기술했다. 균류가 광합성자와 결합하여 어떻게 이득을 취하는지는 쉽게 알 수 있다. 광합성자는 광합성을 하여 균류에게 탄수화물을 제공한다. 탄수화물은 녹조류가 들어 있는 지의류에서는 당알코올의 형태를, 시아노박테리아가 들어 있는 지의류에서는 포도당의 형태를 띤다. 균류는 질소화합물을 얻기도 하는데 광합성자인 시아노박테리아와 공생할 때 시아노박테리아는 대기 중의 질소를 흡수해 고정시킨다.

균류가 광합성자에 어떤 영양물질을 준다는 증거는 아직까지 없지만, 균류는 그 안에 포함되어 있는 조류와 시아노박테리아를 변형시킨다. 광합성자는 세포벽을 잃게 되고 더 이상 유성생식을 하지 않는다. 하지만 균류와 광합성자, 이 두 동반자들은 하나의 이익을 공유한다. 독립적으로 존재할 땐 도달할 수 없는 여러 환경에 이들은 공존함으로써 비로소 서식할 수 있게 된다. 균류는 필요한 양분이 없는 장소에서도 살 수 있고, 일반적으로 물 또는 습기가 많은 장소에서 사는 조류나 시아노박테리아는 건조한 환경에서도 살 수 있다. 그리고 이들은 강한 빛에 의해 악영향을 받

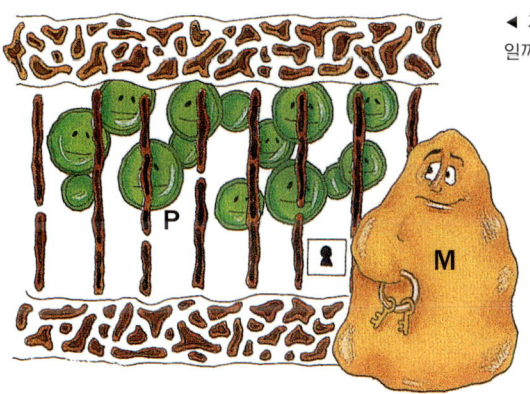

◀ 지의체는 기생의 제어 형태일까? M: 균류, P: 광합성자.

지만 균류가 이를 차단해 주기에 빛이 강한 환경까지 서식 영역을 넓힐 수 있다.

공생은 매우 성공적인 생존 방식인데, 지의류만의 고유성은 아니다. 다른 생물의 공생 사례를 들면 다음과 같다.
- 균근(mycorrhizas) - 균류와 고등식물과의 공생으로 고등식물의 뿌리에 균류가 서식한다.
- 뿌리혹(actinorrhizas) - 콩과식물의 뿌리에 박테리아가 연합을 이루어 형성된다.
- 담수와 해양 무척추동물 - 히드라를 비롯한 일부 강장동물과 편형동물은 체내에 조류를 포함하고 있다.

지의 균류

균류는 녹색식물과 달리 엽록소가 없어서 자신에게 필요한 탄수화물을 생산하지 못한다. 균류는 살아 있거나 죽은 생물로부터 다양한 방법으로 유기화합물을 얻는다(종속영양). 균류는 관속식물과 여러 형태로 공생을 이룬다(균근). 예를 들어, 균류는 숲에서 나무와 관계를 맺어 숙주인 나무의 영양에 도움을 준다. 지의화 과정은 광합성자의 세포로부터 탄소물질을 얻는 것을 비롯해 균류가 영양분을 취하는 일반적 방식 중 하나인데 지구상의 균류 중 약 20%가 지의화되어 있다고 본다. 많은 지의 균류는 미세한 분지(균류가 내는 흡기)를 생성하고, 이들이 광합성자를 찾아낸다. 지의류를 형성하는 균류는 여러 그룹이 혼

◀ 들주발버섯(*Aleuria auratia*). 지의화되지 않는 자낭균류이다. _영국 런던 에핑 숲

재되어 있다. 모든 종류가 지의화된 분류학적 그룹도 있고, 반면 지의화되지 않는 구성원을 포함하는 그룹도 있다. 자낭균류 중 약 40%가 지의류를 형성하는 균류이고, 지의류의 98%는 자낭균류가 파트너이며 주머니 형태의 세포(자낭) 안에 포자를 생성한다.

   자연계에서 지의 균류는 생식세포인 포자를 제외하고는 공생 형태로만 존재한다. 그렇지만 실험실 환경에서는 두 공생체를 분리하여 증식하는 것이 가능하다. 유럽, 일본, 북아메리카의 과학자들은 포자 또는 균류 세포로부터 분리해 낸 균류를 배양하는 중요한 발전을 이루었다. 순수배양에서 지의 균류는 무정형의 군체로 서서히 자라는데 지의화된 지의체에서 나타나는 것과는 현저히 다르다. 또한 지의류를 배양하거나 균류 포자에 조류를 주입하여 새로운 지의류를 만드는 것은 가능하지만 장기간 유지하기가 어렵다. 성공의 관건은 지의류를 죽이는 생명체를 막는 것, 그리고 적절한 조건을 만들어 주는 것인데 이 조건이 어느 한쪽에만 유리해서는 안 된다. 고체(agar) 배지가 액체 배지보다는 지의류를 배양하기에 더 좋다.

지의 조류

지의류 안에서 나타나는 조류는 종류가 몇 안 된다. 조류가 지배적인 역할을 하는 경우도 있어

◀ 유럽붉은녹꽃잎지의(*Xanthoria parietina*). 오렌지색의 원반형인 이 지의류의 자낭는 균류인 들주발버섯의 자실체와 겉보기에는 유사하다.

▲ 유럽붉은녹꽃잎지의의 균류 배양체. 부정형이고 온전한 지의류와는 매우 다르게 보인다. 지의 균류가 배양 시에 자실체를 형성하는지는 알려져 있지 않다.

서 김지의류(*Collema* spp.), 잿빛김지의류(*Leptogium* spp.)와 같은 예가 있지만 이런 경우는 매우 드물다. 가장 자주 발견되는 조류는 트레복시아속(*Trebouxia*)에 속하는 단세포성 녹조류이다. 황색 색소를 갖는 오랑캐꽃말속(*Trentepohlia*)과 시아노박테리아인 구슬말속(염주말속, *Nostoc*)의 종도 흔히 나타난다. 지의 광합성자가 지의류 밖에 있을 때는 안에 있을 때와 다르게 보인다. 유성생식과 섬모 형성은 억제되고, 종 수준까지 식별하려면 지의 조류를 격리하여 배양해야 한다. 이런 과정이 성공하는 것은 지의 광합성자의 약 2% 이하만 해당된다. 약 100종의 녹조류(약 23속)와 약 15속에 속하는 더 적은 종의 시아노박테리아가 공생체에 속하게 된다. 대부분의 지의균류는 매우 선별적이고 호환성이 있는 광합성자와만 결합한다. 몇 가지 주목할 만한 예외 조항이 있다.

- 지리적으로 떨어져 있는 같은 종의 지의류가 다른 광합성자를 가질 수 있다.
- 몇몇 지의류는 생활사 내에서 다른 광합성자를 가질 수 있다.
- 지의류 위에 자라는 또 다른 종의 지의류는 숙주 지의류의 광합성자를 공유할 수 있고 후에 다른 광합성자로 바꿀 수도 있다(예: 사슴지의류 위에서 생육하는 기생거북등딱지지의(*Diploschistes muscorum*)).

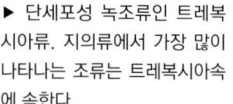

▶ 단세포성 녹조류인 트레복시아류. 지의류에서 가장 많이 나타나는 조류는 트레복시아속에 속한다.

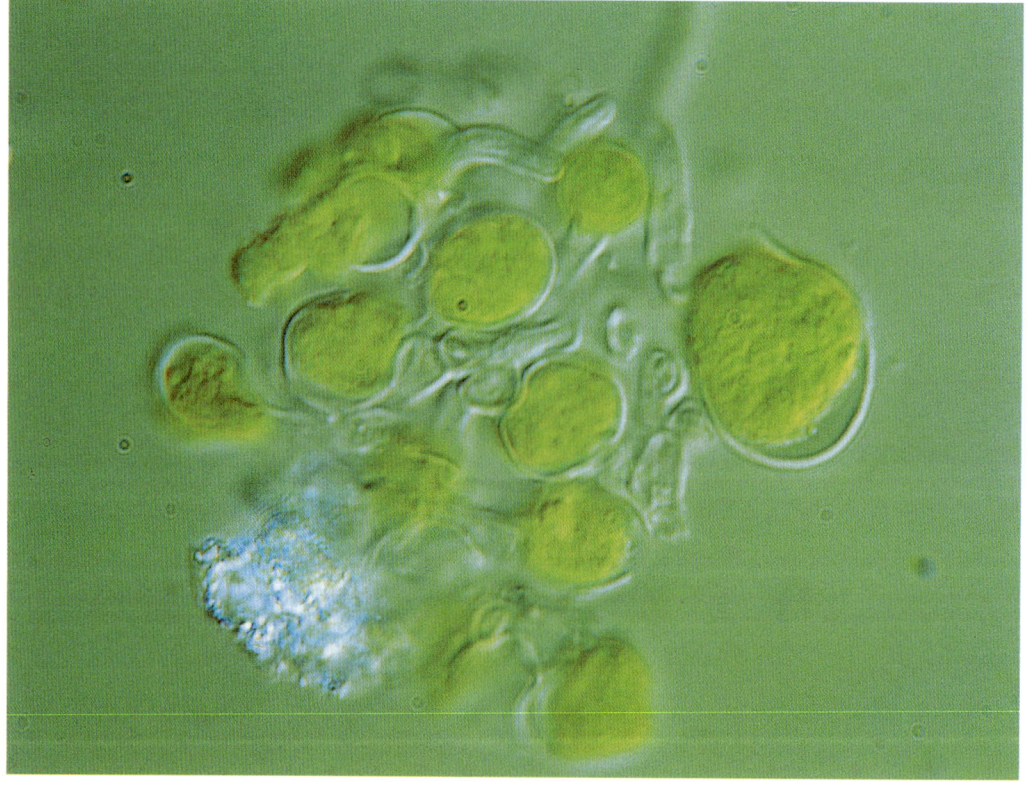

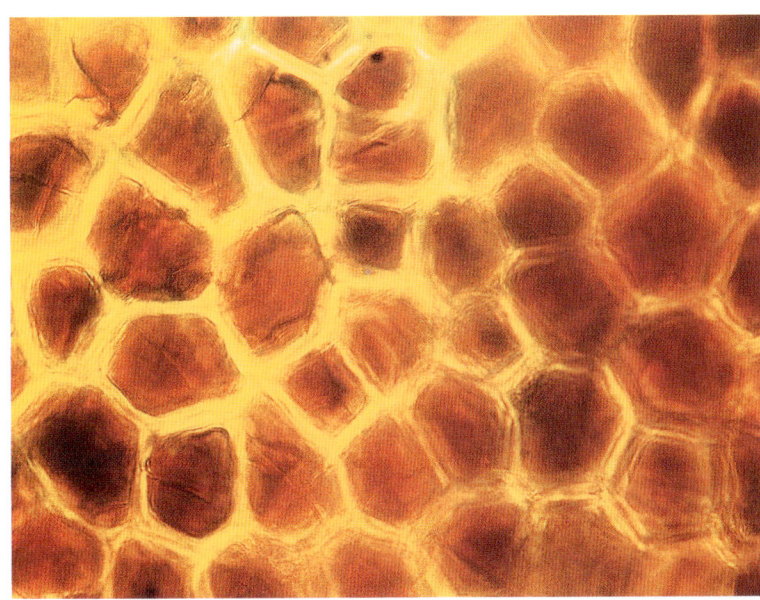

◀ 오랑캐꽃말류. 이 속에 속하는 녹조류는 오렌지색의 카로티노이드 색소를 갖고 있는데, 이것이 엽록소를 가린다. 음지에 사는 많은 지의류와 저지대 열대우림에 사는 많은 지의류들이 오랑캐꽃말류를 공생체로 갖고 있다.

▼ 시아노박테리아인 구슬말류의 사슬. 이 속에 속하는 종은 특히 물기가 많은 곳에서 서식하는 지의류에서 빈번하게 나타난다.

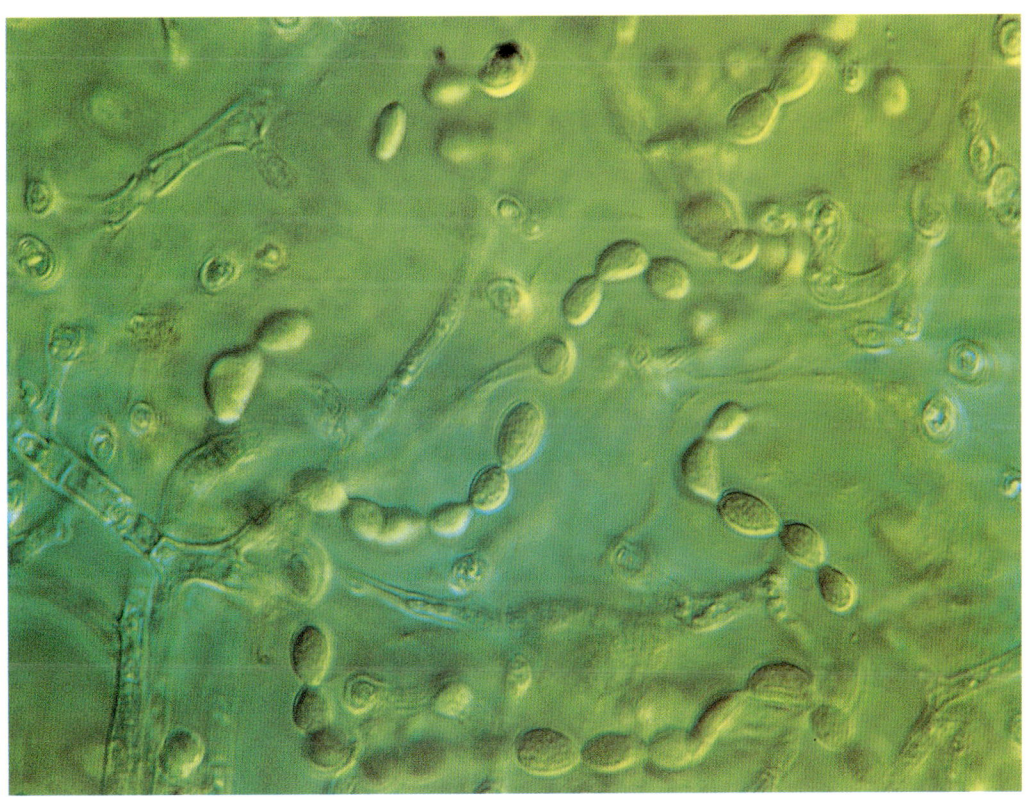

지의류는 무엇인가?

▶ 카나리아갑옷지의. 적갈색 자기반과 녹조류를 갖고 있고 잎 모양이다.

어떤 지의류는 지의체 안에 조류와 시아노박테리아를 둘 다 가지고 있다. 주 광합성자는 녹조류이고, 시아노박테리아는 두상체(cephalodia)라는 별개의 기관에 국한하여 존재한다. 이것은 지의 생물학에서 커다란 수수께끼이다. 포함한 광합성자에 따라 똑같은 지의류가 아주 다른 형태로 나타날 수 있다는 것이다. 이처럼 같은 지의류인데 다른 형태를 보이는 것을 광형태(photomorph)라고 부른다.

광형태

20세기에 들어서 가장 중요한 발견 중 하나는, 영국 지의학자 피터 제임스(Peter James)와 아이누 헨센(Aino Henssen) 교수가 지의류의 형태, 기능, 서식지에 대하여 지의 조류가 결정적 역할을 한다는 사실을 밝혀낸 것이다. 제임스 교수는 뉴질랜드와 스코틀랜드 협곡에서 다른 종에 속하고 다른 형태의 열편을 갖는 별난 지의체들을 발견하였다. 예를 들면, 뉴질랜드에서 발견한 잎 모양의 고사리갑옷지의(*Sticta filix*, 녹조류를 포함)가 관목형의 나뭇가지지의류(*Dendriscocaulon*, 시아노박테리아를 포함)에서 자라고 있는 것을 발견하였다. 또한 이 두 지의류가 서로 별도의 개체로 있는 것도 발견하였고, 특히 지의류 내에 어떤 광합성자가 존재하는지를 결정하는 데 환경적 요소(빛, 습도)가 중요한 역할을 한다는 것을 인식하였다. 모든 지의류의 이름(학명)은 균류를 기반으로 명명하므로, 위의 두 지의류는 같은 균류에 다른 광합성자를 갖기에 같은 이름을 써야만 한다. 특히 엽상지의류인 뒷손톱지의속(*Nephroma*), 손톱지의속(*Peltigera*), 금테지의속(*Pseudocyphellaria*), 갑옷지의속(*Sticta*)과 투구지의속(*Lobaria*)에서 현재 많은 예들이 알려지고 있다. 이들 그룹에서는 같은 균류들이 녹조류와 결합하여 잎 모양으로 나타난다. 또는 시아노박테리아와 결합하여 보통은 아주 다르게 보이지만 흔히 관목 형태나 작은 과립 모양으로 나타난다. 다른 광합성자들은 따로 존재하거나 한 지의체 안에 같이 존재한다. 일례로 카나리아갑옷지의(*Sticta canariensis*)가 있다. 같은 균류에 다른 광합성자를 갖는 지의류의 다양한 형태를 14~17

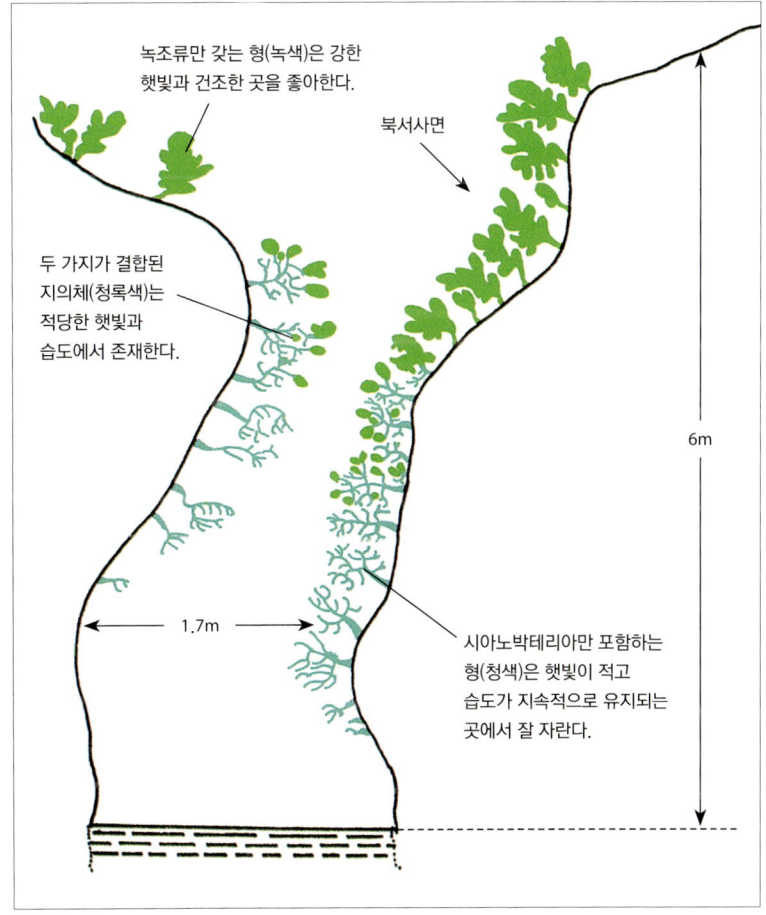

▼ 고사리갑옷지의 광형태의 대상분포. _뉴질랜드 남섬 테아나우 호

지의류는 무엇인가?

◀ 카나리아갑옷지의의 접합된 지의체. 녹조류를 포함한 열편 (a)이 시아노박테리아를 포함하는 주 지의체(b) 끝부분에서 나타난다.

쪽에서 볼 수 있다. 이런 특정한 예는 북대서양 아소르스 제도의 운무림에서 찾을 수 있다.

광형태로서 두 개의 독립된 지의류로 보이는 이들은 형태적, 생태적, 분포적, 화학적으로 아주 다르기 때문에 가끔 다른 속에 배치되는 경우도 있다. 그렇다면 그들이 같은 균류임을 어떻게 알 수 있을까? 현미경을 이용한 초기 연구에서 균사가 한쪽 공생체에서 다른 공생체로 자라는 것이 관찰되어 이런 가능성이 제기되었다.

이 관찰 결과는, 같은 균류에 녹조류 또는 시아노박테리아를 주입하여 새로운 지의류를 재합성하는 실험을 통해 후에 확증되었다. 최근에는 DNA 서열을 밝히는 분자 연구로 같은 균류가 포함되어 있는 것이 더욱 확실히 밝혀졌다. 여기서 한 가지 중요하고도 흥미로운 질문을 던지자면, 왜 그들은 그렇게 달리 보이는가이다. 이에 대한 답은 아직까지 밝혀지지 않았다. 어떤 면에서 지의류의 형성 과정은 곤충이나 작은 생명체의 공격을 받아 생기는 식물의 혹 형성과 비슷한 것으로 볼 수 있다. 혹을 유발하는 생명체가 다르면 숙주 식물에 특이적 혹이 생겨서 그 혹으로 조합의 특징을 알 수 있게 된다.

구조

균류라고 하면 보통 눈에 잘 띄는 자실체를 갖고 있는 송이, 독버섯, 먼지버섯 등을 머릿속에 그리

▲ 카나리아갑옷지의 - 시아노박테리아를 포함하는 잎 모양

▼ 카나리아갑옷지의 - 시아노박테리아를 포함하는 관목 형태

지의류는 무엇인가?

▶ 엽상지의류의 단면(노란매화나무지의, *Flavoparmelia caperata*).
(a) 상피층
(b) 광합성자층
(c) 수층
(d) 흑화한 하피층

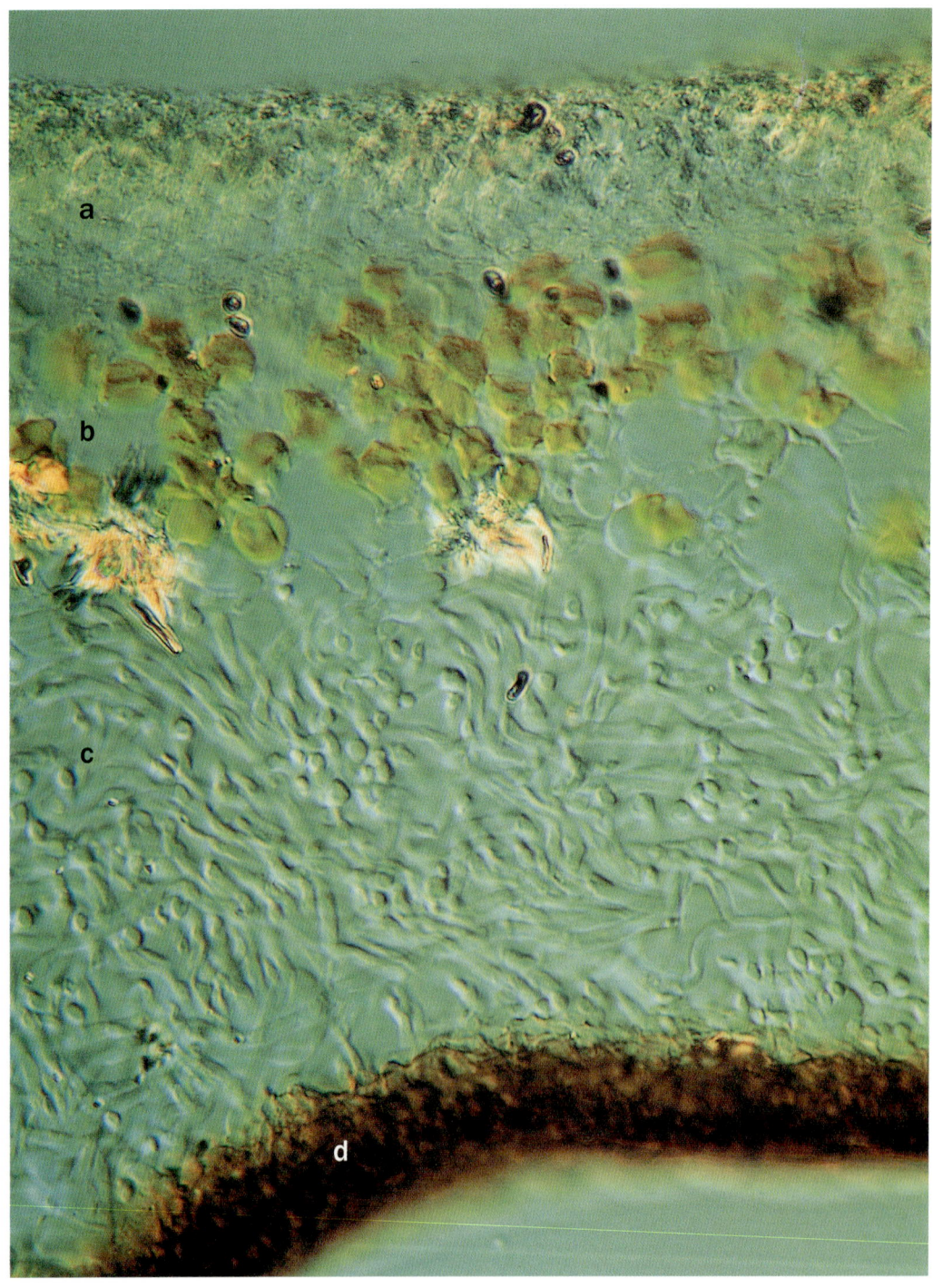

지의류는 무엇인가?

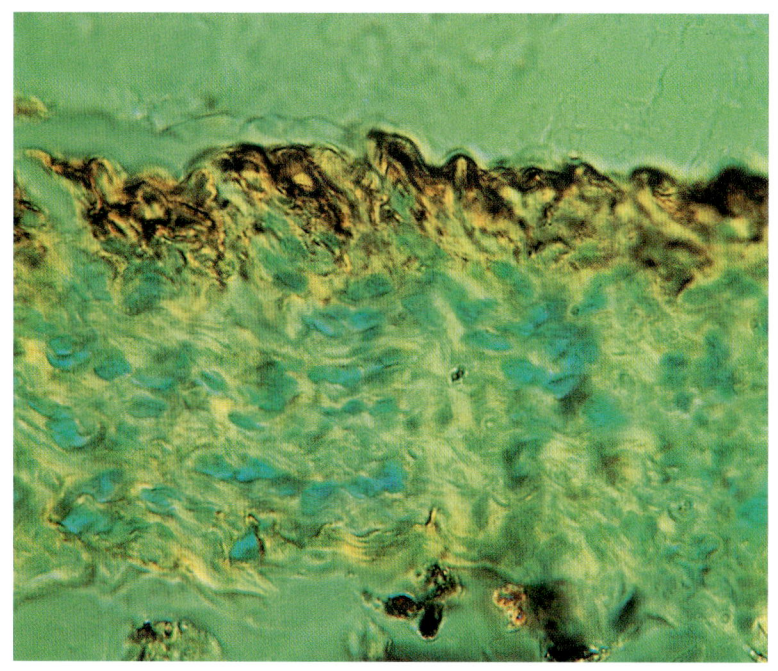

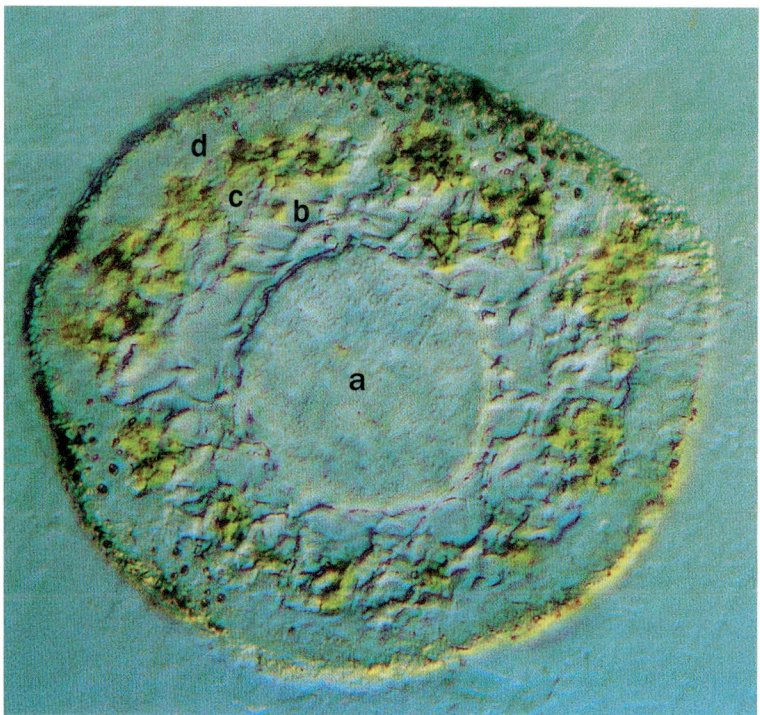

게 되는데, 이들은 1년 중 어떤 특정 시기에 발생하며 식용인 것들도 있다. 그러나 이런 자실체는 균류 전체에서 극히 일부분이다. 균사체(양분을 공급하는 가는 실 모양의 균사(hyphae) 덩어리)는 땅속으로 수 미터까지 퍼져 나간다. 지의류는 지의화되지 않는 균류와 아주 다르다. 지의류의 대부분은 일반적으로 지상에 존재하고 연중 관찰이 가능하며 자실체(생식기)는 일반적으로 지의체에 비해 작다.

보통 지의체의 대부분을 균류가 차지하며, 광합성자가 차지하는 비율은 20%를 넘지 않지만 그보다 훨씬 적을 때도 종종 있다. 엽상지의류는 잎처럼 층 구조를 이루는데, 가장 바깥은 균사로 꽉 찬 균류층(피층)이 있어 보호막 역할을 하고 바로 아래에는 광합성자층이 있으며 그 밑에 느슨한 수층이 있다. 하피층은 흔히 있고, 하피층의 표면에는 뿌리 모양의 가근 또는 부착기관이 있어 서식처에 붙는다. 시아노박테리아를 포함하는 김지의류는 엽상지의류인데도 이런 층상 구조가 없고 균류와 조류가 뒤얽혀 있는 구조이다. 많은 수지상지의류는 중앙이 비어 있으면서 확실한 층

▲ 층 구조를 갖지 않는 엽상지의류의 단면(유사김지의, *Collema auriforme*). 광합성자(구슬말류)의 사슬이 지의류 전체에 존재한다(청색).

▼ 수지상지의류의 단면(풍선송라(*Usnea inflata*)). 내부구조는 방사상이다.
(a) 단단한 중앙 코드
(b) 느슨한 수층
(c) 얇은 광합성자 층
(d) 조밀한 외피층

구조를 갖고 있다. 대표적 수지상지의류인 송라류는 나무에 매달려 있는데, 자신의 무게를 지탱하기 위해서 중심부에 질기고 가늘며 탄성이 있는 줄 같은 기관(코드)을 갖고 있다. 고착지의류는 구조가 매우 정교한 유형부터 구조가 명확하지 않고 가루로 덮인 단순한 껍질 같은 유형까지 아주 다양하다.

지의류 표면을 10배율 확대경이나 실체현미경으로 보면 종종 놀랍도록 아름답다. 전자현미경은 좀 더 세부적인 것까지 보여준다. 다양한 구조와 표면 특징이 나타나는데 이는 지의류가 자라고 번식하는 것에 도움이 된다. 또한 그것들은 지의류를 동정하고 분류하는 데에도 유용하다. 상피층과 하피층은 구멍이 뚫려 있거나 갈라진 틈이 존재하는데 이를 통하여 지의체 내부와 외부로 가스교환이 이루어진다. 위배점(pseudocyphellae)은 피층에 있는 구멍으로, 헐겁게 채워져 있던 수층이 표면으로 터져 나와 생긴다. 위배점은 많은 지의류에서 나타나지만 그 형태는 제각각이다. 배점(cyphellae)은 갑옷지의속에서 제한적으로 나타나는 구조로, 구형의 세포와 깔끔하고 둥근 컵 형태의 구멍이 줄지어 있는 모양이다. 모든 지의류에 배점이나 위배점이 있는 것은 아니지만 이러한 소수성 구조가 가스 확산을 위한 경로 역할을 하는 것으로 여겨진다.

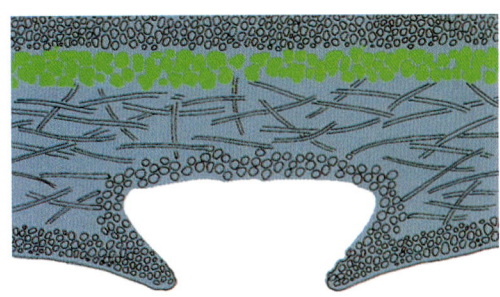

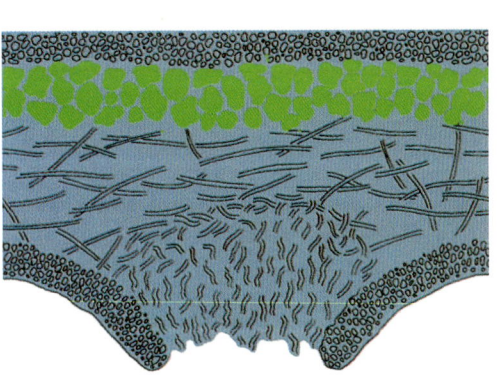

◀ 갑옷지의류 하피층에 있는 구멍(배점, 위), 금테지의류 하피층에 있는 구멍(위배점, 아래)

놀라운 사실!

어떤 지의류는 자신을 인지하여 새로운 조직을 재생하는 믿기 어려운 능력을 갖고 있는데, 그 한 예가 열편을 뒤집을 때이다. 선구적인 실험을 하는 스위스 지의학자 로즈마리 호네거(Rosmarie Honegger) 교수는 간단하면서도 훌륭한 실험을 하였다. 그녀는 유럽붉은녹꽃잎지의 샘플을 뒤집어 접착력이 강한 풀로 점토 벽돌 위에 붙인 뒤 평평한 실험실 지붕 위에 올려놓았다. 호네거는 18개월 뒤 자연 상태에서 윗면이 정상적으로 돌아온 새로운 열편이 지의체 끝부분에서 생성됨을 발견하였다. 호네거는 붉은녹꽃잎지의류의 균류가 뒤집어진 것을 감지하고 광합성자 세포가 적절한 빛을 받을 수 있도록 위치를 바로잡는다고 말하였다. 그리고 전자현미경(SEM)으로 저진공 상태에서 금으로 코팅한 샘플에 대해서도 연구를 하였다. 대부분의 연구자들은 실험이 끝나면 사용한 샘플을 폐기하지만 호네거는 금으로 코팅한 샘플을 원래의 벽돌에 다시 붙였다. 그리고 또다시 아주 놀라운 것을 발견하였다. 그 샘플은 그녀가 전자현미경 실험을 하기 전에 완전 건조한 상태였는데 그 혹독한 환경을 버텨 내면서 계속 생장하고 있었던 것이다.

지의류의 생장, 번식, 분산

번식과 분산

지의화되지 않는 자낭균류처럼 대부분의 지의류는 포자를 포함한 생식기를 생성한다. 자유생활을 하는 다른 균류들과는 다르게 지의류의 생식기(자실체)는 다년생이고 연중 발생해서 수명을 오래 유지할 수 있다(일례로 스위스 알프스에서 50년 넘게 살고 있는 것도 있음). 어떤 지의류에서는 계절성으로 시원하고 습한 기간에만 생식기를 볼 수 있다. 딱딱하여 적시지 않으면 자르기 어려운 이 생식기는 편편하거나 반구형 원판(나자기, apothecia)이거나 플라스크 모양(피자기, perithecia)이거나 받침대(stalk)가 있거나 상형문자와 비슷한 모양이다. 지의류의 번식이 어떻게 일어나는가는 미스터리로, 아직 한 번도 현미경으로 관찰된 적은 없다.

지의류의 번식은 다른 균류와 비슷한 유성생식을 하는 것으로 보인다. 생식기는 특화된 세포 꾸

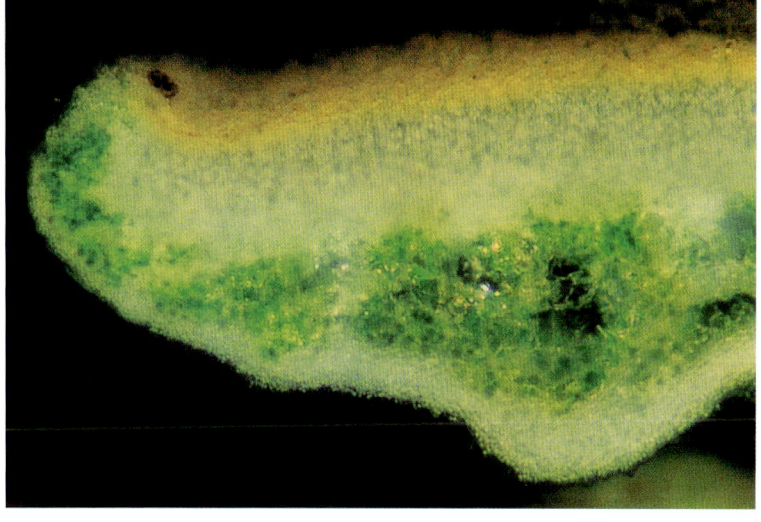

▲ 나자기의 단면(유럽붉은녹꽃잎지의). 생식기 옆면과 포자층 밑부분에 조류층이 있다. 나자기의 상피는 파리에틴(parietin)이라는 색소로 인하여 밝은 노란색을 띤다.

◀ 나자기 단면 모식도. 기본적으로 조류층이 가장자리에 있는 것(왼쪽)과 없는 것(오른쪽)으로 두 유형이 있다. 주머니 형태의 자낭에서 여덟 개의 포자가 생성된다.

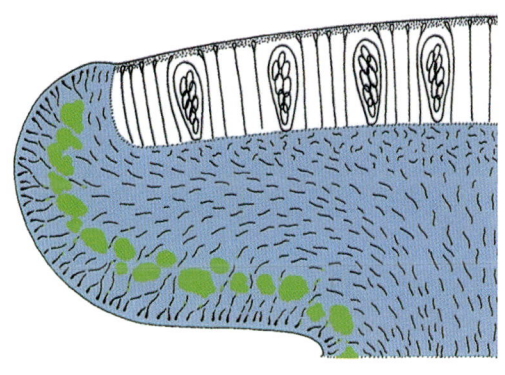
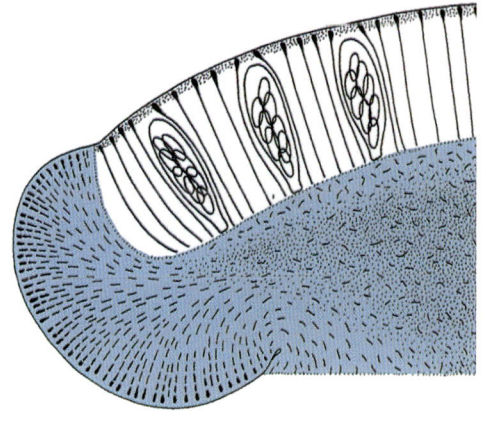

▲ 여덟 개의 포자가 들어 있는 자낭(유럽붉은녹꽃잎지의).

▶ 피자기의 구조. 검은색의 두꺼운 외벽층이 있고 자낭에 포자가 들어 있다. 포자는 작은 구멍(공구, ostiole)을 통해 방출된다.

러미로부터 처음에 발달하여 발기한 자성모(수정모, trichogyne)를 만든다. 이들은 지의체의 다른 부분에서 만들어지거나, 가까이에 있는 같은 종의 개체에서 생성된 웅성세포(분자, conidia)에 의해 수정된다. 수정이 일어나면 웅성세포의 핵과 자성의 핵이 결합되고, 감수분열에 의해 유전물질의 교환이 일어나며, 유사분열에 의해 분리되어 포자(ascospore)가 만들어진다. 포자는 크기, 모양, 구조가 서로 다르고 무색이거나 갈색이다. 포자의 크기는 0.003mm에서 0.25mm 정도이며, 큰 것은 10배율 확대경이나 쌍안현미경으로도 관찰할 수 있다. 포자에 따라서는 격막이 있는 것도 있고 그런 구조 없이 매끄러운 것도 있다. 일반적으로 플라스크 모양의 자낭(ascus)에는 여덟 개의 포자가 들어 있지만, 종에 따라서는 그보다 적거나 한 개만 있거나 수백 개인 경우도 있다. 포자는 포자낭 벽이 갈라지든가 건조한 포자 덩어리에 빗방울이 떨어지면서 방출된다. 포자는 발아하면서 새로운 지의체를 만들기 위해 화합이 가능한 조류를 찾을 필요가 있다. 녹색갑옷미

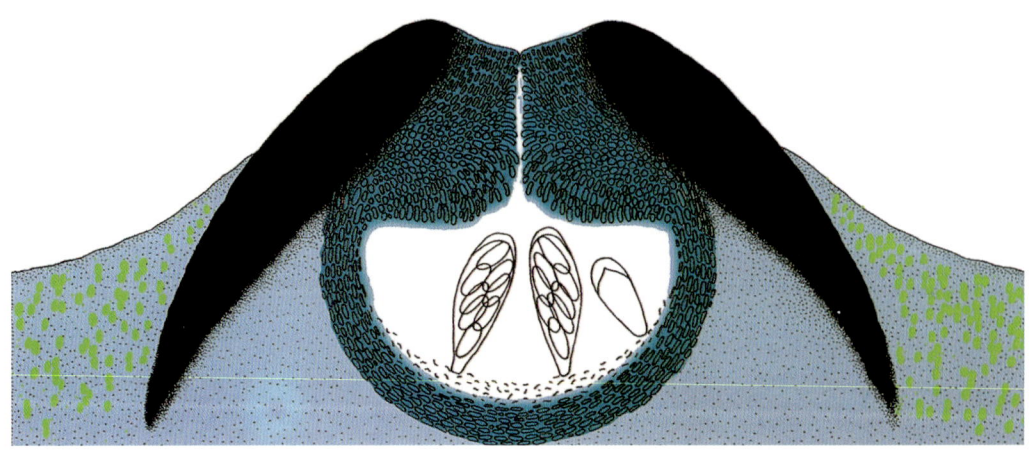

늘지의류(*Staurothele* spp.)와 같은 지의류는 편리하게도 그들의 생식기에 조류를 포함하고 있어서 균류 포자와 조류 세포를 함께 배출한다. 하지만 이는 극히 드문 예이다.

일반적으로 유성생식은 집단의 유전적 다양성을 보장하는데 이는 야생 상태에서 집단의 생장력과 건강을 유지하는 데 아주 중요한 요인이다. 하지만 우리는 아직까지 지의류 집단의 유전적 다양성에 대하여 아는 것이 거의 없다. 얼마나 자주 자가수정(한 개체 내에서 일어나는 것)을 하는지, 또는 이종교배(같은 종의 다른 개체들 간에 일어나는 것)가 일어나는지 우리는 모른다.

영양생식

포자에 의한 번식에 전적으로 의존할 경우 지의화된 균류는 새로운 지의류를 형성하기 위하여 자신에게 적합한 상대를 찾아야 하는 위기에 놓인다. 많은 지의류는 영양생식(무성생식)을 통해 번식 기회를 늘리는 데 성공한다. 지의류는 광합성자와 균류가 모두 있는 특수한 번식기관을 생성한다. 가장 흔한 것은 가루 형태의 기관인 분아(가루싹, soredia)로, 광합성자가 균사에 싸여 있는 세포들이 무리지어 있는 것이다. 분아는 외피층이 파괴된 곳이나 분리된 조각이 있는 지의류의 위 표면에 생길 수 있다. 분아는 지의체에서

▲ 분아가 들어 있는 분아괴 (soralium)의 구조.

◀ 근접 촬영한 분말 형태의 분아(물별주황석류지의, *Loxospora elatina*).

위치하는 부분과 모양이 지의류마다 매우 다른데 이는 지의류를 동정할 때 아주 중요한 특징 중 하나이다. 또 다른 영양생식기관은 열아(갈래싹, isidia)로, 외피층 바깥에 손가락 모양으로 돌출되어 있으며 그들의 모체와 같은 광합성자 세포를 갖고 있다. 단순한 손가락 모양, 산호 모양의 분지형, 납작한 모양 등이 있다. 분아와 열아는 모두 바람, 물, 작은 동물들(진드기, 새)에 의해 흩어져 나가고 옮긴 장소가 적합하면 그곳에서 새로운 지의체로 성장한다.

지의류가 섬 또는 이전에 심하게 오염되었던 지역으로 다시 유입되면 그 군락은 무성생식에 의한 종의 번식이 더 큰 비율로 나타나는데, 이는 무성생식이 좀 더 효율적인 번식법인 것을 의미한다. 지의체 조각은 철새들의 발에서도 발견되고, 태평양 상공에 기구를 띄워 높은 고도에서 채취한 공기에서도 발견된다. 어떤 지의류는 유성생식법이 전혀 알려지지 않았는데, 분말 형태인 가루지의류(*Lepraria* spp.)와 전 세계적으로 산 정상과 북극에서 발견되는 벌레 형태의 서리지의(*Thamnolia vermicularis*, 71쪽 참조)가 그 예이다.

역학적 혼성체

지의류에서 다른 종들 간의 유전자 교환에 의한

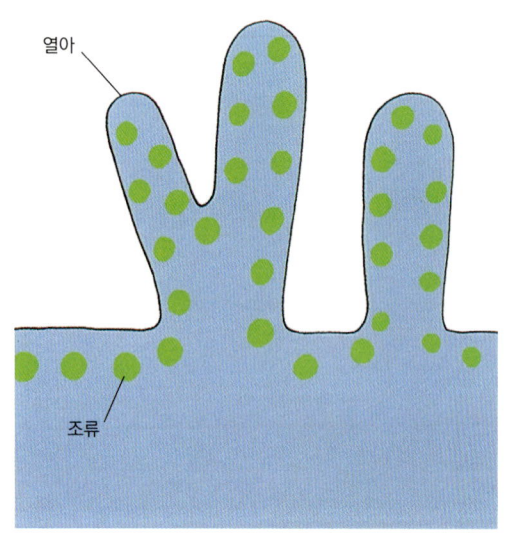

▲ 열아의 구조.

▶ 근접 촬영한 열아(유사산호닭살지의, *Pertusaria pseudocorallina*).

유성 이종교배는 알려져 있지 않다. 그렇지만 지의체들은 같이 성장하고 결합되기도 한다. 이런 현상은 같은 종의 군집들 사이에서, 같은 속의 다른 종들 사이에서, 또는 다른 속들 사이에서도 일어나며 '역학적 혼성체(mechanical hybrid)'를 이룬다. 유럽붉은녹꽃잎지의에 존재하는 색소인 파리에틴(노란색)이 표지자 역할을 하는 것이 가장 쉽게 관찰되는데, 유럽붉은녹꽃잎지의는 종종 회색의 지네지의속(*Physcia*) 그리고 근연종들과 함께 나타난다.

쌍둥이 종

어떤 지의류는 생식기와 무성생식기관이 한 지의체에 있다. 반면에 서로 분리된 형태로도 존재하

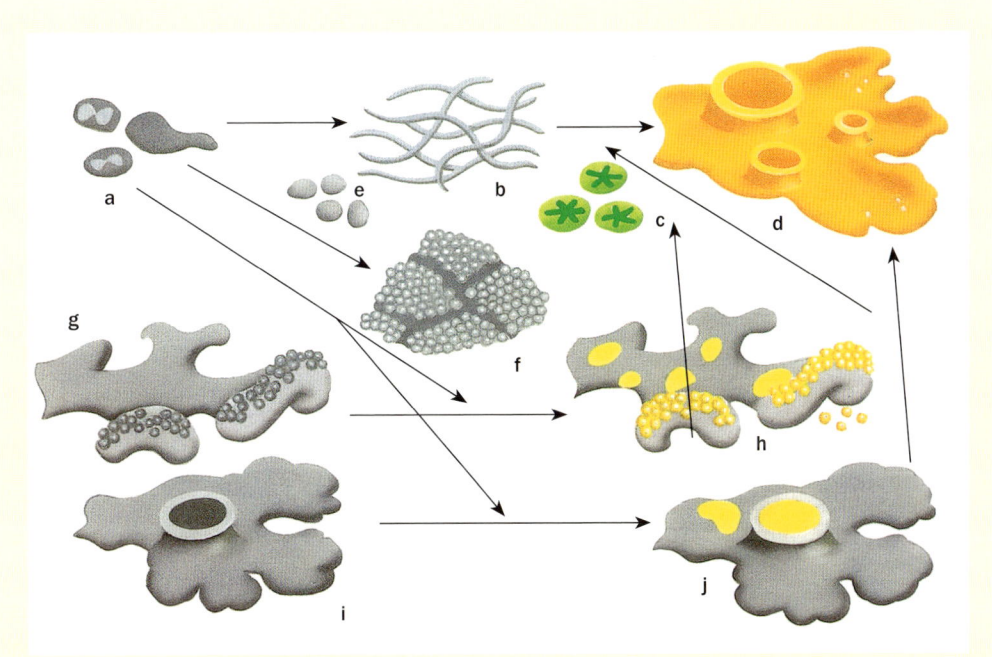

유럽붉은녹꽃잎지의의 생활사

(a) 균류 포자의 발아, (b) 균사가 나옴, (c) 자유생활을 하는 지의 조류, (d) 균사가 지의 조류와 만나 형성된 성숙한 붉은녹꽃잎지의류, (e) 지의체 형성에 참여하지 않은 이종 조류, (f) 균사와 이종 조류를 포함한 미분화된 '지의 껍질(lichen crust)', (g) 지네지의류가 균사와 지의 조류가 혼합된 분말형 분아를 생성, (h) 붉은녹꽃잎지의류의 포자 또는 미분화된 껍질에 의해 지네지의류의 지의체와 분아가 감염된 결과 붉은녹꽃잎지의류 자신은 만들지 못하는 분말형 분아를 통하여 붉은녹꽃잎지의류가 전파됨, (i) 생식기인 나자기를 지닌 지네지의류, (j) 지네지의류의 지의체와 나자기가 붉은녹꽃잎지의류에 의해 감염된 결과 지네지의류의 지의체에서 붉은녹꽃잎지의류의 포자를 생성. 노란색은 붉은녹꽃잎지의류에 의해 감염된 조직을 나타낸다.

는데, 유성생식을 하는 지의체는 생식기와 포자를 생성하고 다른 지의체는 무성생식을 한다. 이런 지의류를 쌍둥이 종(species pairs)이라고 한다. 마디풍선지의(*Dirina massiliensis*, 유성생식)와 가루마디풍선지의(*Dirina massiliensis* f. *sorediata*, 무성생식)가 그 예이다. 이들은 매우 유사하지만 후자의 형태가 훨씬 더 많다. 쌍둥이 종을 식별하는 데에는 DNA 분석이 도움이 된다. 아직 밝혀진 바는 없으나, 지의류의 무성생식은 생식력이 있는 종에서 진화된 것으로 여겨진다.

생리

빛, 온도, 습도가 극한이어서 생명체들이 거의 살지 못하는 환경에서도 지의류는 서식할 수 있다. 극한 환경에서도 다양한 방법으로 생존할 수 있게 진화했는데, 그중 하나는 건조해졌을 때 대사과정을 중단하는 것이고 또 하나는 영양분을 적게 필요로 하는 것이다.

물의 역할

지의류 중에는 대기로부터 물을 흡수하는 종이 있다. 예를 들어 비에 의존하지 않고 안개에서 수분을 흡수하기도 한다. 꽃 피는 식물과 다르게 지의류는 왁스질의 큐티클 방어층이 없어서 수분을 조절하기가 어렵다. 그래서 지의류는 환경 조건에 따라 체내의 수분 함량이 심하게 변동한다. 건

쌍둥이 종

▲ 마디풍선지의(유성생식).

▼ 가루마디풍선지의(무성생식). 오렌지색(흩어져 있는 것) 표면은 오랑캐꽃말속의 조류 색소 때문이다.

조한 상태에서 지의류는 15~30%의 물을 포함하고 대사 작용을 하지 않으므로 몇 달간 지속되는 심각한 가뭄에도 살아남는다. 그러나 비가 내리거나 이슬이 맺히면 지의류는 바로 물을 흡수하고 이때 빛도 충분하다면 몇 분 안에 광합성을 할 수 있다.

탄소가 고정되는 양은 지의체 내에 포함되어 있는 수분의 양뿐만 아니라 광합성자에 따라서도 영향을 받는다. 녹조류를 갖고 있는 지의류는 일반적으로 완전 건조중량의 2.5~4배의 수분을 흡수하며, 시아노박테리아를 갖고 있는 경우는 16~20배까지 수분 흡수량이 늘어난다. 지의류

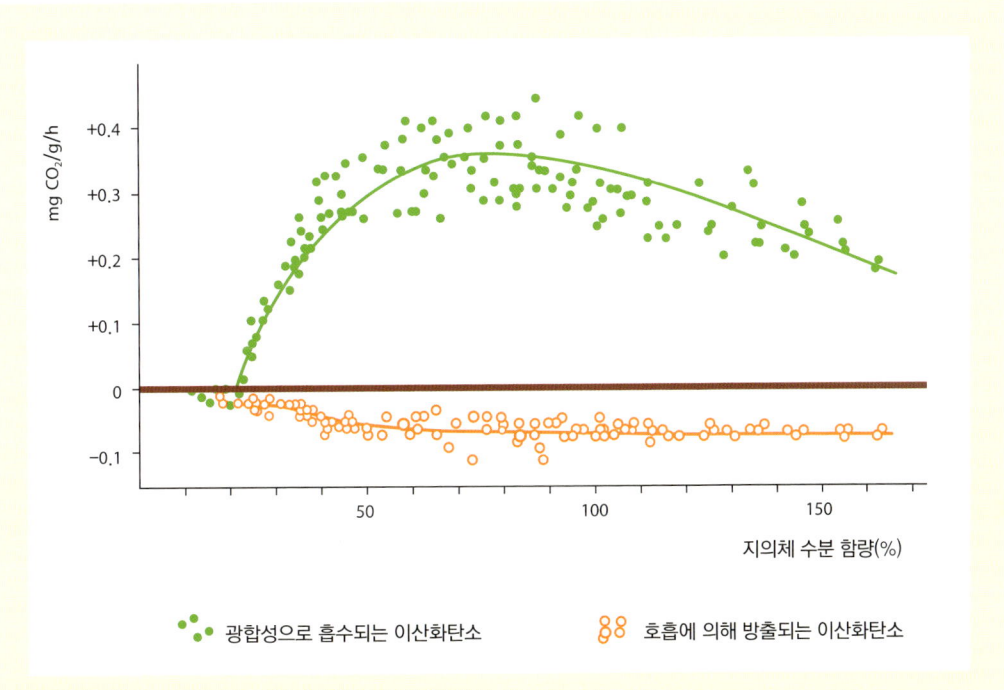

● 광합성으로 흡수되는 이산화탄소   ○ 호흡에 의해 방출되는 이산화탄소

수분 함량의 효과

건조한 지의류는 생리적으로 비활성화되어 있다가 비나 이슬, 안개로부터 수분을 흡수한다. 광합성은 엽록소와 빛 에너지를 이용하여 이산화탄소에서 탄소를 고정하는 것이고, 호흡은 설탕과 같은 탄수화물을 이산화탄소로 분해하는 것이다. 두 과정은 모두 지의류 안에서 일어나는데, 지의류가 수분을 얼마나 많이 함유하는가에 따라 호흡으로 생성되는 이산화탄소의 양보다 광합성에 의해 고정되는 탄소의 양이 더 많아질 수 있다.

위의 그래프는 사막에 사는 얇은탱자나무지의(Ramalina maciformis)에서 수분 함량이 광합성과 호흡에 미치는 영향을 보여 주는 것이다. 수분 함량이 22%일 때 광합성에서 사용되는 이산화탄소와 호흡에서 생성되는 이산화탄소의 양이 동일하기에 탄수화물로 저장되는 양은 없다. 광합성은 수분 함량이 80%가 될 때까지 증가하다가 그 이상 포함하면 감소한다.

가 말라 있을 때에는 부서지기 쉬워서 다루기 까다로우며, 10배율 확대경으로도 광합성자를 찾아내기 어렵다. 지의류 표면이 젖어 있을 때에는 투명해져서 조류를 쉽게 볼 수 있다. 일부 지의류는 젖어 있을 때 색이 완전히 다르게 보이기도 하고 밝은 초록색을 띠기도 한다.

지의류는 처한 환경에 따라 가뭄과 온도의 극한 상황을 감당할 수 있는데, 예를 들어 다음과 같다.

- 일부 지의류는 섭씨 영하 20도에서도 광합성을 할 수 있다. 상온에서는 몇 달 정도 생존하지만 영하 20도에서는 10년 넘게도 생존할 수 있다. 마치 냉동고에 들어 있는 것과 같다.
- 건조된 지의류는 대사 활동을 하지 않고 대개는 오염에 영향을 받지 않는다. 건조한 계절에 도시로 이식된 지의류는 비가 올 때까지 일반적으로 건강을 유지한다.

영양

지의류 안에 있는 광합성자는 광합성을 통하여 탄수화물을 생성하는데 녹조류를 갖고 있는 지의류의 균류는 당알코올 형태로 흡수하고, 시아노박테리아를 갖고 있는 경우는 포도당 형태로 흡수한다. 균류는 이들을 재빠르게 저장하기 위하여 당알코올인 마니톨로 변환시킨다. 더불어 지의류 안에 있는 시아노박테리아는 대기 중의 질소를 암모늄이온(NH_4^+)으로 전환할 수 있는데, 균류는 이를 이용하여 단백질을 합성할 수 있다.

지의류는 진정한 뿌리가 없고 일반적으로 영양소가 빈약한 서식지에서 자란다. 영양 섭취는 대기 중에 있는 적은 양의 영양분과 무기물을 흡수

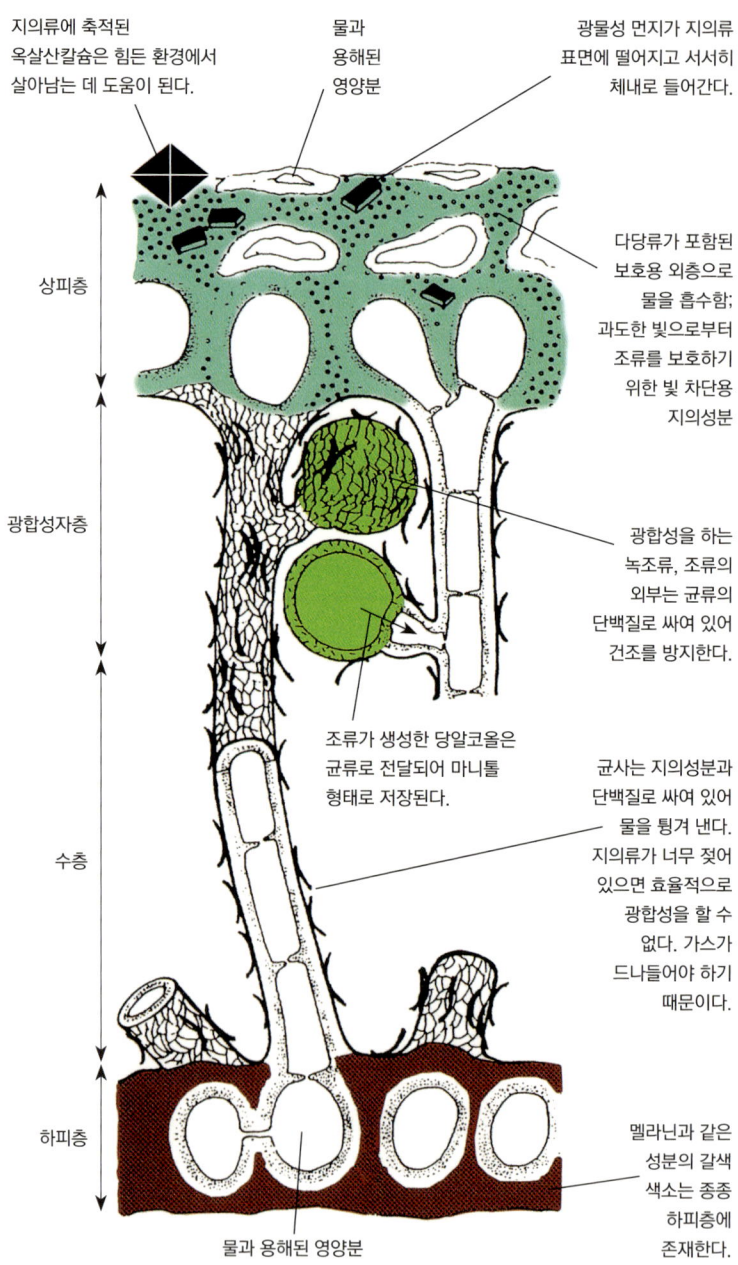

▲ 지의류는 어떻게 물과 영양분을 흡수할까?

지의류의 생장, 번식, 분산

◀ 껍질데이지지의(*Placopsis lambii*). 지의체가 젖으면 색깔이 아주 밝아진다. 생식기는 분홍색이고, 시아노박테리아를 갖고 있는 두상체는 담갈색이다.

▼ 바위 위에 특징적인 군락을 이룬 지의류는 새의 배설물로부터 영양분을 추가적으로 흡수한다. 우점종인 노란색 지의류는 유럽붉은녹꽃잎지의이다. 멀리 정유공장이 보인다. _영국 웨일스 펨브룩

하는 것에 의존하기 때문에 성장 속도가 비교적 느리다. 영양 섭취는 지의체 표면 전체에서 일어나며, 대부분의 영양분은 비에 존재하는데 일부는 지표수에서 얻기도 한다. 새의 둥지나 홰 같은 곳은 배설물이 쌓여 있어서 추가적인 영양원이 되기도 한다. 이런 곳에는 특징적인 군락이 나타나는데 닮은촛농지의류(*Candelariella* spp.), 연녹주황접시지의(*Lecanora muralis*), 유럽붉은녹꽃잎지의가 포함되며, 이들 지의류에서는 질소 함량(4.2~9.24%)이 높게 나타난다.

지의성분

지의류에서 2차 대사산물인 지의성분(lichen substance)이 700개 이상 알려져 있고 새로운 화합물이 속속 밝혀지고 있다. 뎁사이드, 뎁시돈, 카로티노이드와 같은 방향족 화합물을 비롯해 화학적으로 다양한 종류의 화합물이며 지의 균류에서 만들어지는 고유한 성분이다. 지의성분은 지의체 안에서만 만들어진다고 알려져 있었으나 순수배양을 한 균류에서도 지의성분이 합성될 수 있을 것으로 기대하고 있다. 균류 배양에서 초기 생합성 물질(전구체)의 존재는 지의류에서 생성되는 물질을 결정하는 데 광합성자가 역시 관여함을 시사한다.

많은 지의성분들은 지의류의 모습에 영향을 준다. 프루이나(pruina)지의류인 백색가루지네지의(*Physcia aipolia*)는 생식기 표면이 옥살산칼슘 결정체로 얇게 덮여 있어 청회색으로 보이는데, 이는 북극오목지의(*Aspicilia mashiginensis*) 표면에 보이는 순백색의 결정체와 동일한 것이다. 이 성분은 특히 석회암 지대에서 생육하는 지의류에서 자주 나타나고 건조한 환경에서도 나타난다. 옥살산칼슘 결정체는 지의체에 도달하는 빛의 양을 줄여 주어 극한 환경에서 지의류가 생육할 수 있게 해준다.

지의성분은 비교적 고농도로 나타나는데, 가끔 지의류 건조중량의 20%에 달하기도 한다. 지의류가 천천히 생장한다는 것을 고려할 때 이것은 많은 양이다. 대부분의 지의성분이 왜 만들어지는지는 모르지만 이들을 단순히 배설물로 여길 수는 없을 것이다.

지의성분에 대한 일반적 견해는 다음과 같다.
- 지의성분 중 쓴맛은 민달팽이나 달팽이와 같은 초식동물이 지의류를 꺼리게 한다.
- 일부 지의성분은 생존을 위한 '스트레스성 대사물질'로서 중요하다. 예를 들면 많은 지의류

▼ 북극오목지의 표면 위에 있는 순백색의 옥살산칼슘 결정(전자현미경). _노르웨이 노르트뢰넬라그 지어스빅

◀ 프루이나지의류(백색가루지네지의). 생식기 표면은 얇은 옥살산칼슘 결정체로 덮여 있어 청회색으로 보인다. 유럽사시나무(*Populus tremula*) 수피 위. _스웨덴 헬싱글란드

지의류의 생장, 번식, 분산

는 밝은 곳에 있을 때 좀 더 밝은색을 띠고 음지에서 생장할 때보다 2차 대사산물을 고농도로 함유하고 있는데, 자외선에 대한 방어임을 시사한다. 한 예로 유럽붉은녹꽃잎지의는 겨울보다 여름에 색이 더 밝다.
- 일부 지의성분은 항생작용이 있다고 알려져 있는데 이것은 생장이 빠른 식물 종의 생장을 억제할 수 있다.
- 어떤 지의산은 독성 금속을 해독하는 데 중요한 역할을 한다.
- 지의산(특히 옥살산)은 지의류 생장에 필요하나 용해되지 않는 필수 무기물을 녹이는 데 도움을 준다.
- 소수성(물에 젖지 않는) 지의성분은 수층에서 가스교환을 향상시킬 수 있다. 이것은 젖은 상태에서 생활하는 지의류에게 특별히 중요하다. 수분이 너무 많으면 광합성을 할 수 없기 때문이다.

지의성분에 의한 동정

예부터 지의류 동정에는 지의류의 색을 이용해 왔다. 지네지의류와 붉은녹꽃잎지의류는 외형적으로 비슷한데 지네지의류(무색의 아트라노린(atranorin)을 포함)는 회색이고 붉은녹꽃잎지의류(오렌지색의 파리에틴을 포함)는 주황색이다. 그러나 대부분의 2차 대사산물은 무색이어서 지의류를 동정하고 알아내기 위해서는 화학분석이 필요하다.

지의류 동정과 분류에 지의성분을 이용한 지는 오래되었다. 그 시초는 핀란드 출신 지의학자 윌리엄 나일랜더(William Nylander, 이민을 가서 파리에서 거주)가 1860년대에 최초로 실시한 정색반응(spot-test reaction) 실험으로, 단순히 수산화칼륨 용액과 표백제를 사용한 것이었다. 그 후 이 분야의 선구자인 일본 학자 야스히코 아사히나(朝比奈泰彦)가 많은 지의성분의 구조를 밝혔고, 정색반응 시약(P 또는 PD, p-페닐렌디아민을 알코올에 녹인 것)을 추가로 개발했는데 이것은 방향족 알데히드에 반응하여 오렌지색 또는 붉은색으로 변한다. 이후 미세결정법(microcrytallization)과 박층크로마토그래피(TLC)를 비롯해 여러 가지 정교한 기술의 다양한 분석법이 개발되었다. 지의학자들은 '화학계통학(chemosystematics)'이라는 연구를 개척했다.

지의성분의 다양성은 믿을 수 없을 만큼 유용한 화학물질의 지문(종에 따른 화학물질 특이성)을 제공함으로써 지의류 동정과 분류에 도움을 주고 있다. 생식기가 없는 고착지의류나 동정 특성이 적은 경우에는 지의성분이 유일한 대안이 되고 있다. 대부분의 지의류는 비교적 간단한 정색반응과 크로마토그래피를 이용하면 동정이 가능하다.

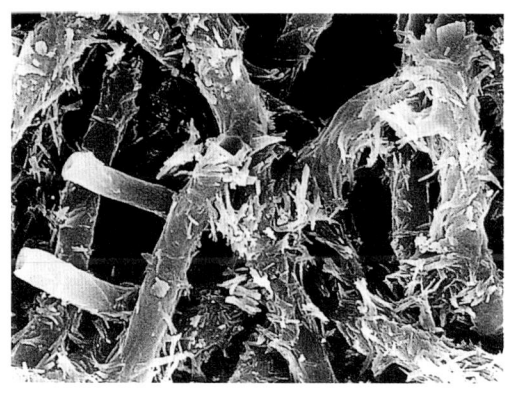

◀ 늑내시의(Letharia vulpina)는 아주 밝은색을 띠는데 이는 지의성분과 대사 독성물질인 불핀산(vulpinic acid)을 포함하고 있어서이다. 예전에 스칸디나비아에서는 늑대와 여우를 죽이는 데 이 물질을 사용하였다. _캐나다 브리티시컬럼비아

▶ 분말당초무늬지의(Parmelia sulcata) 수층에 있는 균사를 싸고 있는 실 모양의 결정인 살라진산(salazinic acid).

지의성분 테스트

정색반응(오른쪽). 붉은녹꽃잎지의류는 파리에틴이라는 황색 색소가 있어서 가성칼륨(수산화칼륨 용액)을 떨어뜨리면 진한 자주색으로 반응한다. 같은 용액을 아트라노린을 포함한 지네지의류(회색)에 떨어뜨리면 유의미한 색 변화가 일어나지 않는다.

미세결정법(아래 왼쪽)은 지의성분을 아세톤에 용해시킨 다음 용매를 증발시키고 적당한 시약에 재결정이 일어난 것을 현미경으로 관찰한다. 지의성분에 따라 독특한 색과 모양의 결정이 나타난다. 아주 간단한 기법이지만 현재는 크로마토그래피나 다른 최신 기법으로 대체되었다.

박층크로마토그래피(TLC) 플레이트(아래 오른쪽). 아세톤으로 지의성분을 용해시켜 알루미늄으로 코팅이 된 TLC 플레이트에 점을 찍은 후 지의성분 검출이 용이한 표준 용매에 전개시킨다. 성분에 따라 용매에서 전개되는 비율이 다르게 나타나고 자외선에서 또는 육안으로도 구별할 수 있는 특징적인 색을 띤다.

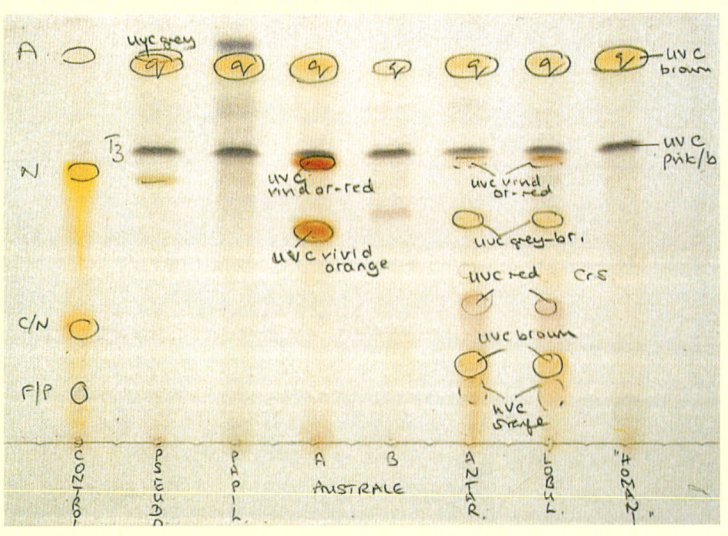

지의류의 다양성

생물다양성이란 생명의 다양성이다. 이는 모든 생명체와 종내, 종간, 전체 생태계의 다양성을 포함한다. 1992년 리우데자네이루에서 체결된 생물다양성협약은 '생물다양성 보존, 그 유래물질에 관한 지속적 이용과 유전자원 이용으로 발생하는 이익의 공정하고 공평한 배분'의 중요성을 강조하였다. 이 협약은 세계 최초이고, 생물다양성의 모든 측면(유전자원, 종과 생태계)을 다루는 포괄적 합의이다. 생물다양성 보존은 중요하며 인류의 관심사임을 최초로 인정한 것이다.

그 누구도 지구상에 얼마나 많은 지의류가 존재하는지 모른다. 그 어디에도 종합적이고 완전한 목록은 없다. 적게 잡아 1만 3,500종에서 많게 잡아 3만 종 정도로 추산한다. 비교적 연구가 잘되어 있는 지역이라도 미기록종과 신종을 발굴하는 일이 그렇게 어렵지 않다. 영국의 지의상은 아마도 세계에서 가장 잘 알려져 있을 텐데, 327속 1,873종이 영국과 아일랜드에서 보고되고 있다. 많은 고착지의류가 식별되지 못했거나 다른 종과 함께 '묶여버렸던' 것들이 최근 상세한 분류학적 연구에 따라 별개의 종으로 인식되고 있다. 브리티시컬럼비아 우림에서 매년 20종 이상의 신종이 추가되고 있다. 종과 군집 수준에서 지의화된 균류나 지의 광합성자 안에서 생기는 유전적 변이 역시 거의 연구되어 있지 않다. 이전에 대기오염이나 임업 활동으로 지의류가 감소하였다가 근래 재유입한 지역에서 이루어진 초기 연구를 보면 이 종들의 유전적 다양성이 전보다 낮아졌음을 알 수 있다. 지의류는 화학적 다양성이 대단히 높아서 지속적으로 새로운 물질이 발견되고 있다.

인간 활동이 지의류에 중요하고 새로운 서식지를 만들어 주기도 하는데, 그렇지 않았다면 지의류가 매우 희귀해지거나 존재하지 않았을 것이다. 예를 들어 잉글랜드 남동부처럼 자연적으로 노출된 암석이 드물거나 없는 지역에서는 300종이 넘는 지의류가 교회 묘지의 비석을 뒤덮고 있다. 광산 폐석, 심지어 버려진 활주로도 지의류의 다양성을 위해 풍부한 서식지를 제공한다.

지의류에 대한 관심은 유럽과 북아메리카에서 시작되어 아르헨티나와 칠레로 퍼져 나갔고 브라질, 일본, 호주, 뉴질랜드로 일부 확산되고 있다.

▼ 식별되지 못했던 지의류 중 하나인 분말가루노란지의(*Psilolechia leprosa*). 1987년 신종으로 보고되었는데 영국 전역에 걸쳐 구리 피뢰침이 있는 교회 벽면에 주로 발생한다. 그린란드, 노르웨이와 스웨덴의 오래된 광산에서도 보고되었다.

지의학은 현재 동남아시아, 아시아, 아프리카와 남아메리카의 다른 지역에서 발전하고 있고, 특히 환경 변화의 지표로서 지의류의 중요성을 점점 더 많은 나라에서 인식하게 되었다. 지금부터 지의류의 놀라운 다양성에 대하여 간단히 살펴보고 그들의 진화에 대하여 이야기하겠다.

담자지의류

보통 독버섯 또는 양송이, 먼지버섯은 누구에게나 친숙하다. 담자균류에 속하며 자실체라고 부르는 특별한 세포의 바깥쪽에 포자를 생성한다. 반면에 자낭균류는 체내에 주머니 모양의 자낭을 갖고 있다. 지의화된 담자균은 매우 적다. 기본적으로 세 유형이 있는데 생식기 모양에 따라 분류된다. 첫 번째는 주름버섯처럼 주름이 있는 것으로, 예컨대 피막이솔밭버섯(*Omphalina umbellifera*)이 있다. 이들은 연한 자실체를 생성하는데 다른 주름버섯과 동일하며, 조류가 깔린 곳에서 자라고 크기가 아주 작거나 가루처럼 보인다. 흙, 썩은 나무, 물이끼(*Sphagnum*) 또는 다른 지의

▼ 우림이 개간된 뒤에 남방너도밤나무(*Nothofagus cunninghamii*) 통나무에서 자란 버섯 모양의 피막이솔밭버섯. _오스트레일리아 태즈메이니아

류처럼 축축한 곳에 서식하며 전 세계에서 발견된다. 두 번째는 예컨대 곤봉 모양의 봄더듬이버섯(*Multiclavula vernalis*)으로, 북반구와 남반구 산악지대의 이탄질 토양에 깔린 조류에서 자라며 분홍색, 주황색 또는 흰색의 곤봉처럼 생겼다. 세 번째는 예를 들어 작은담요지의(*Dictyonema glabratum*)로, 동심형으로 주름져 있고 시아노박테리아를 갖고 있으며 산기슭의 열대우림 지역에 널리 분포한다.

산호지의류와 핀지의류

근연 관계가 없는 종들을 여럿 포함한 산호지의류와 핀지의류는 포자를 분산하기 위해 터지도

◀ 곤봉 모양의 봄더듬이버섯. _오스트레일리아 태즈메이니아

▼ 동심형 주름이 있는 작은담요지의. _파나마 치리키

록 된 구조가 없고 수동적인 기관이 있다. 단순한 포자낭은 포자가 성숙하기 전에 분해된다. 포자는 숯검정 같은 두꺼운 층으로 된 포자혼(mazaedium)에 싸여 거기서 성장하고 성숙한다. 포자를 수동적으로 분산하는 다른 많은 균류도 포자 장식을 종종 갖고 있는데 이것은 곤충에 의해 분산되는 것을 돕는다. 이런 생물군 중에서 많은 고착지의류는 자루, 핀 같은 생식기를 갖고 있지만 일부 대형 관목상 지의류도 포자혼을 만든다.

산호지의류는 대형 관목상 지의류로 시원하고 습기가 있는 곳을 좋아한다. 대부분 남반구 온대 우림에서 발견되지만 영국에서도 세 가지 종이 알려졌다. 구형의 생식기는 돌출된 거무스름한 포자혼을 생성한다. 속명이 구형의(spherical) 생식기에서 유래한 산호지의속(*Sphaerophorus*)에는 지의류 중에서 가장 아름답고 특별한 종이 포함되어 있다.

핀지의류는 매우 작아 제대로 보기 위해서는 10배율 확대경이 필요하다. 핀지의속(*Calicium*)에 속하는 종들은 북유럽에서 누구의 손도 닿지 않은 오래된 숲임을 나타내는 지표이고, 종종 아름다운 장식 포자를 갖는데 이는 종 동정에 중요하다. 오염에 내성을 지닌 주황얇은핀지의(*Chaenotheca ferruginea*)는 일반적으로 산업화가 진행된 지역, 도시에서 가까운 숲과 공원에서 발견할 수 있다. 지의체 위에 적갈색 포자가 있어서 식별하기 쉽고, 비바람이 들이치지 않는 나무 등걸 위에 커다랗게 모여 있다.

포자혼과 같은 특별한 생식기를 생성하는 모든 지의류는 최근까지 서로 가까운 근연 관계에 있을 것으로 추정되었지만, 스웨덴 지의학자 매츠 베딘(Mats Wedin) 박사의 DNA 분석 연구로 균류 전 그룹에 걸쳐서 유래된 것이 밝혀졌다. 핀지의류인 핀지의속과 얇은핀지의속(*Chaenotheca*)은 외양은 매우 비슷하지만 근연 관계가 없다.

매화나무지의류

넓은 의미의 매화나무지의류(1970년대 이후 매

◀ 방울산호지의(*Sphaerophorus globosus*) – 산호지의류의 한 종류.

▶ 참나무핀지의(*Calicium quercinum*) – 핀지의류의 한 종류.

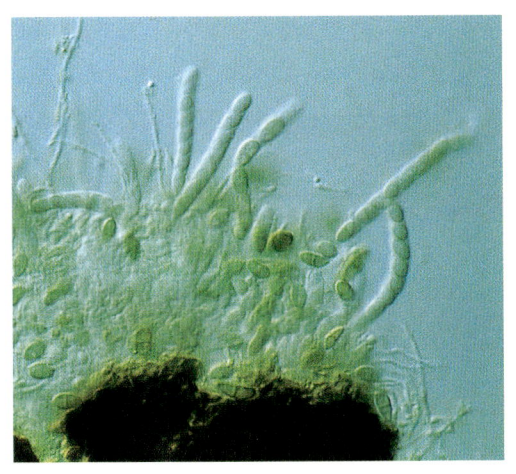

◀ 검은핀지의(*Calicium denigratum*)의 숯검정 같은 포자혼 일부와 자낭.

▶ 주황얇은핀지의. 흔하고 오염에 강한 핀지의류이다.

화나무지의속(*Parmelia* s. lat.)은 20개 이상의 속으로 나뉘었는데 각각의 속을 다 포함하여 넓은 의미의 매화나무지의속으로 부름)는 엽상지의류 중 가장 큰 분류군으로 약 1,000종이 있으며 전 세계적으로 바위, 수피, 나무, 흙 위에서 발견된다. 지의체는 상피층과 하피층이 있고 가근을 이용해 서식지에 느슨하게 붙어 있다. 위 표면은 갖고 있는 성분에 따라 회색(아트라노린)에서 노란색(우스닌산) 또는 갈색(멜라닌과 같은 색소)을 띤다. 현재 이 그룹은 포함된 균류의 형태나 화학적 특성에 의해 많은 작은 속으로 나뉘었다.

이러한 매화나무지의류의 다양성으로 인해 생장률 측정과 중금속 오염 평가를 포함한 여러 모니터링 연구가 이루어졌다. 서로 다른 기법들을 이용한 여러 연구가 시사하는 점은 각각의 매화나무지의류는 유전적으로 동일하지 않을 수 있다는 것이다. 종종 같은 종의 지의체가 만나게 되면 서로 결합이 되는데 그렇다고 해도 이들은 유전적으로 서로 다른 가계이다.

이런 결합된 매화나무지의류(넓은 의미)에서

◀ 아소르스 제도 중 유일하게 알려진 플로레스 섬에서 넓은 의미의 매화나무지의류인 영국쌍분지지의(*Hypotrachyna britannica*)를 조사하고 있다. 이것은 최근에 생성된 군락일까, 아니면 적합한 서식처가 없어서 희귀해진 것일까?

▶ 영국쌍분지지의. 지의체 중앙에 어두운 남색의 분아가 있다.

엽상의 부분들은 서로 화학적으로 구별되는 것으로 나타나고, 지의체들에 있는 각각 다른 작은 잎(lobe)들은 때로 다른 성장률을 보이기도 한다. 노화된 안쪽의 엽상이 입은 손실은 매화나무지의류(넓은 의미)와 많은 다른 엽상형 대형지의에서는 흔한데 그 결과 옅은노랑차륜지의(*Arctoparmelia centrifuga*)에서처럼 구획화된 엽상체가 링 모양으로 나타난다. 서식처가 나출된 곳은 영양생식기관(분아, 열아)으로부터 형성된 어린 개체로 다시 채워지게 된다.

◀ 왼쪽 화강암 위의 꼬마국화잎지의(*Xanthoparmelia mougeotii*). 노란색의 분말형 분아가 있다. 이 지의류는 브리튼 섬 남부의 인공 구조물로 확산되고 있다. _영국 스코틀랜드 쿨린 숲

◀ 위의 옅은노랑차륜지의와 다른 지의류. _캐나다 퀘벡 주 로랑티데 야생동물보호구역

사슴지의류와 깔때기지의류

사슴지의류와 깔때기지의류(Cladonia spp.)는 전 세계적으로 지의류가 풍부한 황야지대를 구성하는 주요한 분류군이다. 생식기는 가지 또는 깔때기 형태이고 평평하게 깔린 지의체에서 나온다. 사슴지의류는 두껍게 내려앉은 흰 서리처럼 땅 위를 덮고 있는데 작은 관목을 닮아서 건축가들은 건축 견본에 이 지의류를 사용하기도 한다. 대부분의 종은 포자를 생성하기도 하지만 주로 무성생식으로 번식을 한다. 많은 종에서 자외선 흡수 물질인 무색의 아트라노린이나 노란색의 우스닌산이 외층에 들어 있다. 이들 색소로 인해 황야지대와 북부 숲에서 지의류 카펫(지의류가 지표면을 덮고 있는 모습이 카펫을 깐 것처럼 보여서

◀ 사슴지의류인 깊은산사슴지의(*Cladonia stellaris*). 녹색 석송(*Lycopodium clavatum*) 줄기와 함께 있다. _캐나다 브리티시컬럼비아 북부

◀ 영국병정사슴지의(*Cladonia cristatella*). 아래 오른쪽 깔때기 모양은 붉은깔때기지의(*Cladonia deformis*). _미국 뉴햄프셔 화이트 산

◀ 근접 촬영한 사슴지의류인 뿔사슴지의(*Cladonia rangiferina*). _영국 스코틀랜드 케언곰 산

▶ 붉은꽃열매지의(*Cladonia floerkeana*)가 토탄 위에서 진달래과 식물인 헤더(*Calluna vulgaris*)와 함께 있다. _영국 스코틀랜드 멀 섬

▼ 흙더미 위에서 자란 깔때기지의(*Cladonia chlorophaea*). _영국 스코틀랜드 디사이드

붙여진 이름)의 특징이 되는 노란색 또는 회색의 모자이크가 나타나게 된다. 사슴지의류는 외피층이 없고 깔때기 모양을 형성하지 않는다. 깔때기지의류는 사슴지의류와 가까운 근연 관계가 있다. 일부 종은 생식기가 로도클라도닌산(rhodocladonic acid) 색소로 인하여 눈에 띄는 주홍색으로 보이며, 다른 종은 갈색이거나 옅은 색이다.

사슴지의속은 수백 종을 포함하는 큰 분류군이고 지의류를 처음 배우는 사람들이 가장 먼저 알아보는 분류군일 것이다. 형태적으로 다양하여 분지 형태, 깔때기 모양, 깔때기를 싸고 있는 분

아의 크기, 깔때기 유무 등에서 미묘한 차이가 나타난다. 화학분석을 하지 않고서는 종 수준에서 이름을 알아내기 어려울 수 있으며 특히 깔때기가 없는 표본에서는 더더욱 어렵다.

문자지의류

문자지의류는 고착지의류로, 단순하게 뻗거나 분지하는 생식기를 갖고 있으며 이 생식기는 중앙에 포자가 있는 표층이 덮고 있다. 생식기의 외벽

▶ 어린 로부르참나무(*Quercus robur*) 위에 있는 라이엘검은문자지의(*Phaeographis lyellii*). _영국 도싯

◀ 참나무가 섞인 개암나무 중림에 문자지의류를 비롯한 몇 가지 고착지의류가 자라고 있다. _영국 도싯 파워스톡 커먼

▶ 식물 잎 위에서 자라는 깃꼴기호지의(*Opegrapha filicina*). _코스타리카

▼ 가지검은문자지의(*Phaeographis dendritica*)의 단면. 검은색의 생식기 외벽과 생식기(포자와 포자낭)가 있다.

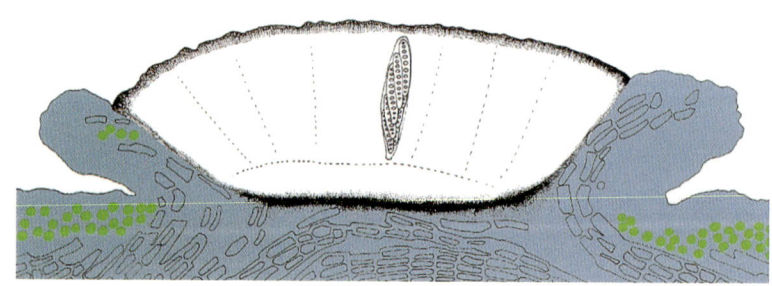

은 두껍고 까맣고 단단하여 이상한 상형문자처럼 보일 때도 있다. 문자지의류는 습하고 그늘진 곳에 있는 매끄러운 수피에서 자주 발견된다. 공생 조류가 오랑캐꽃말속이어서 긁으면 오렌지색이 나타난다. 열대우림 저지대에 많으며, 수피를 덮고 있고 잎 위에서도 자란다.

호리병지의류와 피자지의류

호리병지의류와 피자지의류는 눈에 잘 띄지 않는데 이는 지의체가 돌이나 수피에 완전히 잠겨 있기 때문이다. 특유의 생식기(피자기)는 작은 병처럼 생겼고 종종 서식지에 일부가 묻혀 있다. 외벽은 보통 검은색이고 딱딱하며 잘 부러진다. 포자는 10배율 확대경으로도 볼 수 있는데 피자기 끝에 있는 아주 작은 구멍을 통해서 밖으로 나온다.

▶ 호랑가시나무류(*Ilex azorica*) 수피에서 자라고 있는 (a) 산옆호리병지의(*Parmentaria chinensis*), (b) 표피갑옷미늘지의(*Pyrenula dematodes*). 피자지의류가 생육하기에 매끈한 수피가 거친 수피보다 낫다. _ 아소르스 제도

◀ 석회암에서 자라는 함몰구멍지의(*Bagliettoa baldensis* =*Verrucaria baldensis*). _영국 어퍼티스데일 무어하우스 국립자연보호구역

▶ 개암나무류(*Corylus avellana*)의 매끈한 수피에 있는 큰씨갑옷미늘지의(*Pyrenula macrospora*). _영국 스코틀랜드 서부

고착지의류와 수지상지의류의 예

크리스마스 지의류라고 불리는 붉은수포진지의(*Herpothallon rubrocinctum*=*Cryptothecia rubrocincta*)는 미국 남동부에서 발견되었고 열대와 아열대 지방에 널리 분포하는 종이다. 수포진지의류(*Cryptothecia*)는 이례적으로 별개의 생식기 없이 자낭이 수층에서 바로 만들어진다. 그래서인지 아직까지 이 특이한 종에서 자낭이 관찰된 적이 없고 계통학적으로도 어디로 분류해야 할지 알 수가 없다. 키오덱톤산(chiodectonic acid)이라는 붉은색 색소를 갖고 있다. 이 표본은 플로리다 북부에서 채집되었다.

연녹주황접시지의는 전 세계의 도시화된 지역에서 발견되는 흔한 종으로 지붕, 담장, 포장도로에서 볼 수 있다. 이 종은 환경에 따라 외형이 가변적이다. 영국 브래드퍼드대학교의 마크 시워드(Mark Seaward) 교수가 1970년과 1980년 사이에 이 종을 연구했는데, 대기의 질이 개선된 뒤 이 종이 석면-시멘트 지붕에 군락을 형성하면서 1년에 평균 150m의 속도로 영국 리스의 중심을 향해 퍼져 나가는 것을 밝혔다. 이는 '도시의 슈퍼 변종(urban super-race)'이 존재할 가능성을 암시한다. 이 지의류는 종종 추잉 껌으로 오해받기도 한다.

밝은가루노란지의(*Psilolechia lucida*)는 지의체가 분말성이고 밝은 연두색을 띠는데, 종종 영국에서는 페인트를 칠한 것 같은 눈에 확 띄는 색으로 산성의 묘비를 뒤덮고 있다. 대개 생식기가 없지만 생식기가 있는 이 종의 표본은 붉은 철산화물 페인트를 칠한 스웨덴의 헛간에서 채집된 것이다. 리조카르핀산(rhizocarpic acid)을 가지고 있어 색이 밝다. 오염된 지역에서는 밝은가루노란지의에 생식기가 있는 경우가 매우 드물다.

노란주황단추지의(*Caloplca flavescens*), 주황단추지의류(*Caloplca*)에 속하는 종들은 엽상형인 붉은녹꽃잎지의와 비슷하나 서식지에 단단히 붙어 있고 하피층이 없다. 런던의 묘지에서 진행된 연구에 의하면, 19세기 이전

▲ 붉은수포진지의.

에 세워진 묘비에는 제한적으로 나타나고 그보다 최근에 세워진 비석에는 나타나지 않는다. 이는 해당 종들이 성숙된 단계보다 초기 단계가 아황산가스에 더 민감할 것이라는 점을 시사한다.

타바레별지의(*Arthonia tavaresii*)는 '지의화된 균류' 또는 균류의 큰 분류군에 속하는 종인데 이들은 다른 지의류 위에서 자란다. 이 경우는 갑옷미늘지의류(*Pyrenula*) 위에서이다. 생식기는 진한 붉은색 색소로 덮여 있다. 이 종은 아소르스 제도와 카나리아 제도에서만 볼 수 있다. 별지의류(*Arthonia*)는 고착지의류에서 가장 큰 분류군 중 하나이고 현재 알려진 것만도 500종 이상이다.

아소르스후벽포자지의(*Topeliopsis azorica*)는 아소르스 제도의 고유종인 향나무류(*Juniperus brevifolius*)에 있는 이끼 위에서 생육한다. 이들의 생존은 지질시대인 신생대 제3기로 거슬러 올라가며 잔존한 월계수 숲의 생존과 연관되어 있다. 항상 습한 우림에는 지의류보다 이끼가 더 풍부하게 존재한다. 이 종은 이끼 위에 생육하면서 과잉 성장으로 이끼를 죽일 수 있는 몇 안 되는 지의류 중 하나이다.

가루유사오랑캐꽃말지의(*Coenogonium leprieurii*)는 녹조류인 트레복시아류를 갖고 있는 수지상지의류이다. 유사오랑캐꽃말지의류는 조류를 지배적인 공생체로 갖고 있는 몇 안 되는 지의류 중 하나이다. 이들은 열대와 아열대 숲의 빛이 적은 환경에서 제한적으로 생육한다. 이 표본은 코스타리카에서 채집했다.

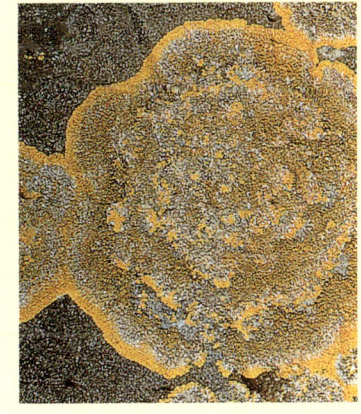

왼쪽

▲ 연녹주황접시지의.

▶ 밝은가루노란지의.

▼ 노란주황단추지의.

오른쪽

▲ 타바레별지의.

▶ 아소르스후벽포자지의.

▼ 가루유사오랑캐꽃말지의.

진화, 분류, 명명법

진화

지의류 또는 지의류 같은 관련 생물들은 종종 원시림에서 최초로 출현한 생명체로, 고등생명체가 땅을 정복할 수 있게 해준 것으로 여겨진다. 지의류 서식처에서 균류와 조류가 새로운 생태적 지위(ecological niche)를 활용할 수 있어 지구의 초기 토양 형성에 기여하게 된다.

보통 화석은 해당 분류군의 역사를 우리에게 말해 주지만 지의화된 또는 지의화되지 않은 균류가 화석으로 잘 보존되어 있는 경우는 거의 없어 초기 지의류에 관해서는 알려진 바가 거의 없다. 비교적 소수의 사람들만이 적극적으로 화석 지의류를 연구하는 점 역시 우리에게 지식이 부족한 이유가 된다. 예전에는 약 2억 년 전의 실모양 미세화석을 초기 지의류로 생각했지만 현재는 바뀌었다. 균류로 보이는 두꺼운 세포벽의 포자와 분자가 캄브리아기(약 5억 7천만 년 전)의 암석에서 발견되었다. 그러나 가장 오래된 지의류 화석으로 인정되는 것은 망상화석지의(*Winfrenatia reticulata*)로 데본기 초기(약 4억 년 전)에 형성된 스코틀랜드의 라이니 처트(규질암)에서 나왔다. 이 화석은 균사와 시아노박테리아가 결합하여 분아처럼 보이는 구조가 들어 있는 주머니가 달린 단순한 지의체를 형성하고 있다. 자낭균류의 가장 오래된 화석 역시 같은 지역에서 발견되었다.

지의류의 생활사는 균류의 분류군이 다양한 만큼 매우 광범위하다. 수차례 독립적으로(다계통)

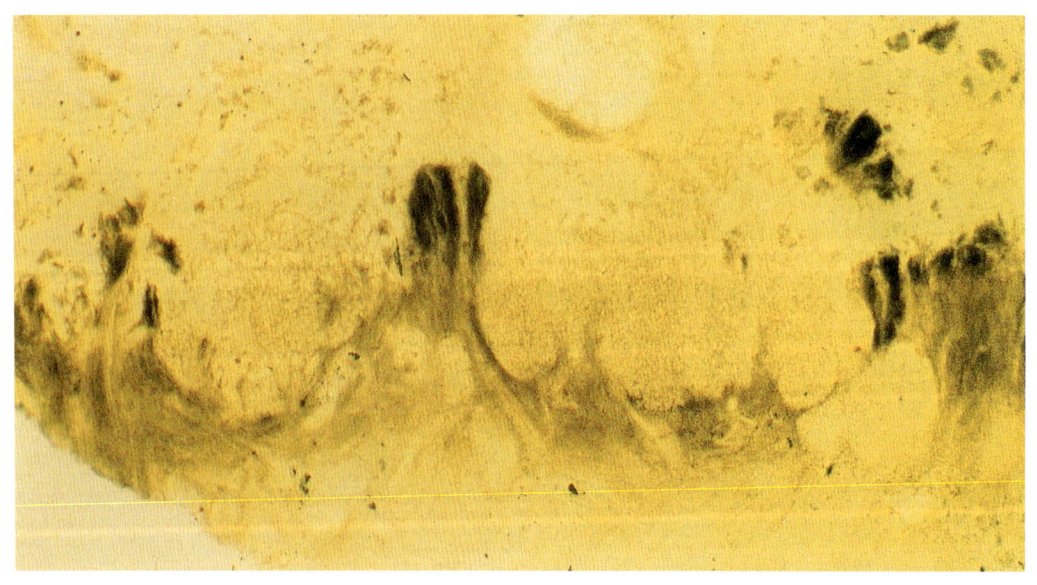

◀ 4억 년 전의 망상화석지의 화석으로 라이니 처트(규질암)에 보존되어 있었다. 지의체는 균사의 층으로 이루어져 있고, 균사에 격벽이 없다. 상피에 규칙적이고 분아처럼 파인 곳은 기부를 향해 뻗는 3차원 구조인 균사망과 같은 구조를 갖고 있다. _영국 스코틀랜드 애버딘

진화한 것이 분명하고, 초기 DNA 연구에 의해 지의류는 기원이 다계통이라고 오랫동안 받아들여졌던 생각이 증명되었다. 담자균류에서 지의류는 적어도 세 번 발생하였다. 자낭균류에서는 아마도 더 많겠지만 적어도 네 개의 독립된 기원에서 생겨났음을 짐작할 수 있다. 고착지의류 일부에서는 지의화, 탈지의화, 재지의화라는 사건이 진화 과정 동안 반복적으로 일어난 것으로 보인다.

흥미롭게도 최근 분자 연구는 오늘날의 지의류가 다른 균류와 비교해 볼 때 '오래됐다'라는 생각을 뒷받침해 주지 않고 있다. 사실 대부분의 지의류가 속하는 접시지의목(Lecanorales)은 자낭균류에서 진화한 그룹에 속한다. 물론 이 증거가 지의류와 같은 결합체가 육지를 정복한 선구자에 속하지 않는다는 의미가 아니다. 그러나 만약 그들이 선구자라고 한다면 현재의 지의류는 그들의 후손일 가능성이 없다. DNA 염기분석과 분자생물학의 다른 기법이 발전하면서 지의화된 균류의 진화에 대한 연구가 급증했다. 이런 연구는 이미 많은 지의류 그룹의 자연적인 연관 관계를 이해하는 데 상당히 기여하고 있다. 오늘날 지의분류학 연구가 진전을 이루고 있어 가까운 미래에는 이 분야가 극적으로 확실하게 변할 것이다.

분류와 명명

인간은 방대한 생물들을 파악하기 위해 생물을 명명하고 분류할 필요가 있었다. 지의류도 예외는 아니다. 다양한 생물을 연구하는 계통학은 동정, 명명, 진화적 연구와 분류를 포함하는 매우 넓은 분야이다. 분류학은 분류군과 분류단위(종, 속, 과 등)를 기재한다. 학명은 라틴어나 헬라어로 된 두 개의 단어(속명과 종명)로 이루어진다. 이런 이명법은 스웨덴 박물학자 칼 린네(Carl Linnaeus)가 18세기에 처음으로 제창하였고, 명명법이 확립되기 전에 사용되었던 긴 설명적인 이름의 거추장스러운 시스템을 빠르게 대체하게

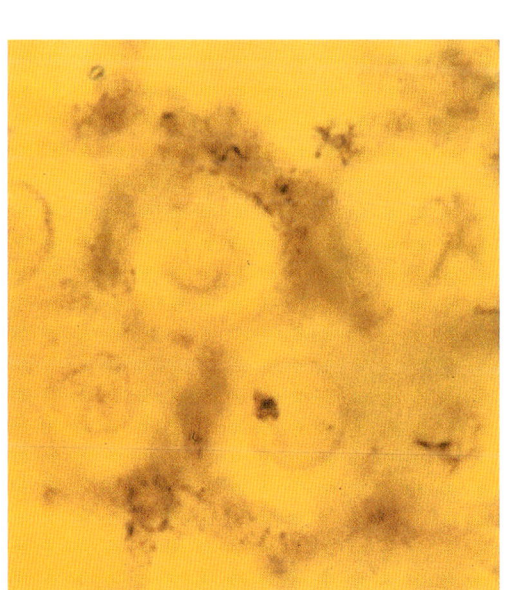

◀ 시아노박테리아를 둘러싼 균사 그물.

▶ 광합성자를 둘러싸고 있는 균사의 모식도. 그림 아래쪽에 분아 같은 파인 곳에 세포벽이 보인다.

되었다. 계통발생학은 생물 간의 진화적 관계를 나뭇가지처럼 생긴 계층적 방식으로 나타낸다. 분류학은 계층적으로 구조화된 시스템에서 명명된 분류군을 배열하는 것이다. 현대 분류학은 생물 사이의 자연적 관계를 반영하는 것이 목표이다.

지의류에 붙이는 이름은 공생하는 균류의 이름을 따르고 조류는 별도의 이름을 갖고 있다. 19세기 중반 슈벤데너는 지의류가 균류 중 한 그룹이라고 주장하였지만 지의학자와 균류학자들은 아주 오랫동안 그의 발견을 받아들이지 않고 지속적으로 지의류를 균류와는 분리된 분류군에 놓았다. 1950년대에 균류 분류군 내에 지의류를 통합하는 것이 점차 받아들여졌지만 오늘날에도 지의화된 균류와 지의화되지 않은 균류는 일반적으로 다른 연구실에서 다른 학자들에 의해 연구가 이루어지고 있다. 그렇다고는 해도 오늘날 모든 과학자는 지의화된 균류를 균류 분류군에 통합하는 것에 동의한다.

형태학과 해부학으로 균류의 생식기에 대한 대부분의 특징들이 밝혀졌고 이 특징들을 이용하여 지의 균류에 대한 상위 수준의 분류를 해왔다. 요오드 용액으로 자낭의 상부를 염색하면 다양한 변화가 나타나 과(family)를 정하는 데 유용하게 사용된다. 포자는 모양, 크기, 색이 매우 다양해서 속과 종을 기재할 때 널리 사용되어 왔다. 현재 지의계통학은 흥미로운 발전 단계에 있다. 많은 거대한 속들이 작은 속으로 나뉘고 있고, 포자의 특징은 더 이상 속을 구분하는 유일한 기준이 아니다. 최근의 분자 기술의 진보는 형태학적, 해부학적, 화학적 연구와 결합하여 지의류의 계통발생학과 분류학을 이해하는 여러 가지 기법을 제공하고 있다.

◀ 에릭 아카리우스(Erik Acharius, 1757~1819년). '지의학의 아버지'이자 근대 지의분류학의 창시자이다.

분류체계

계 Kingdom	균계 Fungi
문 Phylum, Division	자낭균문 Ascomycota
아문 Subphylum, Subdivision	주발버섯아문 Peziomycotina
강 Class	접시지의강 Lecanoromycetes
목 Order	접시지의목 Lecanorales
과 Family	접시지의과 Lecanoraceae
속 Genus	접시지의속 *Lecanora*
종 Species	(주름접시지의) *campestris*
아종 Subspecies	(하얀주름접시지의) *dolomitica*
학명	하얀주름접시지의 *Lecanora campestris* ssp. *dolomitica*

생태적 역할

지의류가 우점종인 식생은 지표면의 8% 정도이다. 지의류는 북극 툰드라 지역에서는 수천 제곱킬로미터에 달하는 지역을 우점하고 있다. 이들이 우점하고 있다는 것은 식물 생태계에 작용하는 전 지구적으로 중요한 역할을 담당하고 있음을 의미한다. 그들은 광합성을 통해 이산화탄소를 소비하는 탄소 저장고로 작용하여 결과적으로 지구온난화를 지연시키는 역할을 일부분 담당한다. 지의류로 덮여 있는 땅에서는 지의류가 토양이 마르는 것을 막아 준다. 지의류가 안개와 이슬을 포획하는 능력이 있어 비가 직접 닿지 않는 처마 밑이나 사막처럼 물이 부족한 곳에서 습도를 유지하는 데 중요한 역할을 한다. 토양에 영양소(질소와 인)가 부족한 북부 산림에서 지의류는 나무 생장에 필요한 영양소를 모으고 내어 준다. 이런 숲에서 산불과 타감 지의성분(식물의 발아나 생장을 저해)이 함께 작용하면 캐나다와 러시아 아북극 지역의 가문비나무 숲에서처럼 커다란 공간이 만들어지기도 한다. 지의류에서 침출되거나 지의류 내에 있는 시아노박테리아가 고정하는 질소는 나무 생장에 중요하다. 유입되는 질소의 양은 연간 1헥타르당 1~40kg으로 지역마다 다르다.

지의류는 많은 동물들의 주요 에너지원이다. 작

◀ 러시아 북부 아북극성 산림지대. 관목형의 사슴지의류와 나무지의류가 깔려 있다.

생태적 역할

은 곤충에서 순록(*Rangifer tarandus*, 북아메리카에서는 카리부라 부름), 검은꼬리사슴(*Odocoileus hemionus*), 중국사향노루(*Moschus moschiferus*)를 비롯한 대형 척추동물에 이르기까지 지의류가 먹잇감이 된다. 북아메리카에서는 가문비멧닭(*Canachites canadensis*)과 야생칠면조(*Meleagris gallopavo*)가 지의류를 먹잇감으로 삼는다. 새들은 보금자리를 만드는 데도 지의류를 사용한다. 예컨대 마다가스카르에서 벌새류(*Ploceus olivaceiceps*)는 온전히 송라류만 이용해 둥지를 만들고, 유럽에서 금방울새(*Carduelis spinus*)는 송라류를 주로 이용해 둥지를 만든다. 북부날다람쥐(*Glaucomys sabrinus*)는 수염지의(*Bryoria fremontii*)를 둥지 재료와 먹잇감으로 이용한다. 일부 동물과 곤충은 위장용으로 지의류를 이용하는데, 예를 들면 유럽에 있는 회색가지나방(*Biston betularia*)과 흙탕저녁나방(*Acronicta psi*)이 있다. 일부 나비는 화학적 방어를 위하여 지의 물질을 그들의 조직에 저장한다. 지의류가 독성 금속 이온과 방사성 핵종 등의 오염 물질을 축적하기 때문에 동물들이 오염된 지의류를 먹이로 섭취하게 되면 먹이사슬을 통해 인간에게도 오염 물질이 전달되는 문제가 발생할 수 있다.

지의류는 남극에서 북극까지 해안의 낮은 바위

◀ 접합송라(*Usnea articulata*)로 만든 금방울새의 둥지. _영국 콘월

▶ 황제알바트로스(*Diomedea epomophora*)와 같은 새들은 지의류 번식체를 아주 먼 곳까지 운반하기도 한다. _뉴질랜드 오클랜드 제도

에서 높은 산꼭대기까지 분포한다. 지의류는 나무, 흙, 바위, 이끼, 다른 지의류, 가끔 식물의 잎 위에서도 발견되지만 깊은 바다에는 존재하지 않는다. 대부분의 지의류는 뚜렷한 서식지 선호와 생태학적 요건이 있다. 서식처의 생리학적, 화학적 특성(pH 포함)은 어떤 지의류가 발생하는가를 결정하는 데 매우 중요하다. 일부 '잡초' 종은 거의 모든 서식처-나무, 돌, 쓰레기통 뚜껑, 녹슨 차체-에서 생육이 가능하지만 다른 종들은 특정한 나무 종과 바위 종류로 제한된다. 특정한 지의 군락은 기후와 서식처를 포함하는 다양한 요인에 따라 발달한다.

암석풍화

지의류는 물리적·화학적으로 암석을 부수는 역할을 해서 흙이 생성되도록 돕는다. 물리적 풍화는 단순히 균사와 가근이 자라면서 바위를 통과하고 그 결과 광물(무기물)이 부서지도록 하는 물리적인 것이다. 이는 지의류처럼 작은 생명체로서는 대단히 큰 일이다. 그러나 차도에서 콘크리트와 아스팔트를 밀어 올리는 버섯의 놀라운 능력을 생각해 보라. 비록 균사가 아주 작은 마이크로 단위일지라도 엄청난 팽압을 발휘하는 능력을 갖고 있다. 균사는 예를 들어 흑운모(철-마그네슘 운모)와 같이 특히 잘 발달된 벽개면(결을

◀ 지의류로 위장한 흙탕저녁나방. _영국 북웨일스

생태적 역할

▲ 규산염과 감람석으로 구성된 듀나이트에 흰반점검은테접시지의(*Lecidea lactea*)가 군체를 이루고 있다. 지의류가 분비한 옥살산으로 암석이 풍화되고 이로 인해 철이 다량 함유된 암갈색 얼룩이 생성된다.

◀ 흰반점검은테접시지의 밑에 생긴, 철이 다량 함유된 얼룩을 전자현미경으로 촬영했다. 지의 풍화에 의해 생성된 철로 코팅된 규산이 보인다.

따라 결정체가 쪼개져 갈라진 면)을 따라서 광물을 뚫고 지나간다. 지의류가 풍화의 요인으로 얼마만큼 작용하는지는 알 수 없다. 일부 연구자들은 오히려 지의류가 균사를 이용하여 광물을 잡고 있기에 다른 종류의 풍화(동결, 바람에 의한 풍화와 대기오염에 의한 산성비)로부터 표면을 보호한다고 보고 있다.

지의류는 다음의 세 가지 방법으로 암석을 화학적으로 변화시킬 수 있다.

1. 지의 균류에서 분비된 옥살산과 같은 단순한 유기산이 금속과 반응하여 옥살산금속을 형성한다. 가장 풍부한 것은 옥살산칼슘류인 웨델라이트(weddellite, 아프리카 웨델 해에서 발견된 옥살산칼슘 결정, $CaC_2O_4 \cdot 2\text{-}3H_2O$)와 웨웰라이트(whewellite, 영국의 박물학자 윌리엄 휴얼(William Whewell)의 이름에서 유래, $CaC_2O_4 \cdot H_2O$)로, 이들은 석회석처럼 탄산칼슘이 많은 석회암지대에서 자라는 지의류에 많이 있다. 가루마디풍선지의와 같은 일부 지의류는 지의체 두께가 1cm에 달하기도 한다. 단면을 잘라 관찰하면 결정체가 보이는데 이는 옥살산칼슘을 고농도로 포함하고 있기 때문이다. 지의체와 이들 결정체의 경계를 구분하기 어려운 경우도 간혹 있다.

2. 광물 알갱이와 접촉하고 있는 균사의 외층은 산성 다당류(설탕)로 막을 형성한다. 이들은 물을 흡수하고 광물 표면에서 특수한 금속을 추출하여 광물을 분해하는 데 도움을 준다.

3. 뎁사이드와 같은 일부 지의성분은 물에 거의 녹지 않는데 금속화합물을 형성하는 광물에서 금속을 제거한다는 사실이 실험으로 밝혀졌

다. 하지만 자연 상태에서 이런 현상들이 자주 일어나는지는 아직 밝혀지지 않았다.

지의류는 유적이나 건축 석재 등에서 자라고 있지만 일반적으로 큰 피해를 일으키지는 않는다. 건축가들이나 일부 사람들은 지의류가 오히려 건물에 특유의 소박한 매력을 부여하고 지역색을 더한다고 인정한다. 화려한 노란색의 붉은 녹꽃잎지의류가 생육하고 있는 돌 표면에 묽은 비료를 살포하면 생장이 촉진된다. 지의류를 제거하고 싶다면 곰팡이 살균제, 표백제, 부식성 세척제를 사용하면 되지만, 서식처의 피해를 생각한다면 천연 살생물제(biocide)를 사용하는 것이 바람직하다.

자연석

지의류는 전 세계 온대지방부터 극지방에 걸쳐서 바위 표면을 덮고 있다. 암석지대이지만 지의류가 바위를 덮고 있어서 바위 자체를 볼 수 없는 경우도 있다. 사실 지질학자들은 바위가 지의류에 의해 점령당하면 그들이 얻고자 하는 지질학적 정보가 가려지기 때문에 당황할 때도 있었다. 그러나 오늘날 많은 지구과학자들은 지의류가 현지 토양 연구와 원격탐사 등에 중요한 정보를 제공한다는 것을 인정한다. 왜냐하면 바위 위에 다른 형태로 보이는 지의 군락들은 해당 분야에 대한 훈련을 받지 않은 사람이 보아도 엄연히 다른 것으로 구별할 수 있기 때문이다. 지의류가 내는 색색의 아름다움은 유럽 전역에서 언덕과 바위의 이름으로 영원히 남게 되었다. 스칸디나비아에서 'gråstein(greystone)'이라는 말은 화강암 위에 자라는 회색 지의류(오목지의류, *Aspicilia*; 끝

▲ 고착지의류인 치즈지의(어두운 회색)와 화강암(밝은 회색)의 연결을 전자현미경으로 촬영했다. 길고 구불구불한 균사는 바위 안으로 수 밀리미터 침투해 있다. _영국 컴브리아

선명접시지의류, *Porpidia*; 매화나무지의류)를 나타낸다. 아마도 지의 군락에서 가장 현저한 대조를 이루는 것은 규산질(석영이 풍부한) 바위 위에 있는 지의류와 탄산칼슘으로 구성된 석회암 위에 생육하는 지의류일 것이다. 석회암에는 다양한 종류의 지의류가 박혀서 자라는 모습을 볼 수 있는데 흔히 주황다추지의류에 속하는 밝은 오렌지색의 종들이 함께 나타난다. 반면 규산질 바위에는 종종 황록색의 치즈지의(*Rhizocarpon geographicum*)가 생육한다.

금속이 풍부한 곳에서는 뚜렷한 식물이 없는 경우가 많은데, 이는 토양에 독성을 띠는 금속이 고농도로 있으면 대부분의 고등식물은 감당하지 못하기 때문이다. 몇몇 식물들(호금속식물, metallophydes)은 이런 곳을 선호하고 독특한 군락을

생태적 역할

형성하는데 이런 식물들은 구리, 아연, 납과 같은 독성 물질에 내성이 있다. 이런 요소들은 우연히도 살진균제(fungicides)와 살조제(algicides)의 기초가 되기도 한다. 더욱 놀라운 것은 지의류는 이런 곳에서도 생육한다는 것이다. 박테리아 역시 황화철(예: 황철광)이 풍부한 암석의 풍화에 도움을 주며 황산을 생성한다. 이와 같이 강산성(낮은 pH)의 환경에서는 적갈색 지의류인 적토바위딱지지의(*Acrospora sinopica*)와 다양한 종의 지의류가 발견된다. 이에 반하여 구리검은테접시지의(*Lecidea inops*)는 알칼리성이고 구리가 풍부한 암석에 나타나는 특징이 있다.

▲ 지의류가 금속 황화물이 풍부한 바위를 온통 덮고 있다. _노르웨이 노르트뢰넬라그 지어스빅 리티피에레

◀ 근접 촬영한 점판암 위의 지의 군락. 밝은오렌지주황단추지의(*Caloplca* cf. *ignea*)(오렌지색)와 바위딱지지의류(*Acarospora* sp.)(노란색). _미국 캘리포니아 시에라네바다 구릉지대

생태적 역할

◀ 점판암 바위. 오렌지색은 밝은오렌지주황단추지의, 노란색은 바위딱지지의류에 속하는 종이다. _미국 캘리포니아 시에라네바다 구릉지대

숲의 지의류

낙엽수림

아주 오래된 나무에는 종종 30종 이상의 각기 다른 지의류가 나타나는데 영국 스코틀랜드 서쪽에 있는 해안 산림에는 지의류가 약 400종이 넘는다. 일부 지의류는 확산력이 약하고 오래된 숲에만 제한적으로 존재하므로 일반적으로 오래된 숲일수록 지의류의 다양성이 높다. 오래된 숲에 특징적으로 나타나는 종에 대한 다양한 목록들이 여러 나라에서 정리되고 있다. 이런 '지표종'들은 보전 가치가 높은 숲을 판별하는 데 도움을 줄 수 있다.

방향, 경사, 수피의 질감과 산성도, 그리고 이끼와의 경쟁과 같은 많은 요소들이 나무 위에서 자라는 지의류의 생장에 영향을 준다. 나무는 일생을 통해 수피, 물 저장 능력, 산성도(pH), 영양 상태와 빛의 양이 바뀐다. 오래된 나무일수록 다양한 미소서식처를 제공하여 여러 다른 종류의 지의류 군락이 형성된다. 흔치는 않지만 비교적 매우 비슷한 나무 두 그루가 나란히 있을 때 서로 다른 지의류 군락이 생기기도 한다. 이런 현상은 나무 수피의 화학 성분 또는 pH에서 미묘한 차이가 있다는 것을 의미한다. 이런 것이 현장에서 지의류를 찾을 때 흥분되는 요인 중 하나이고, 경험이 많은 연구자라 할지라도 놀랄 만한 일이 반드시 일어난다. 외부적인 요소 역시 지의류가 수피 위에서 생육하는 데 영향을 주는 중요한 부분 중 하나이다. 예를 들어 나무가 시멘트 채석장과 가까우면 종종 석회암에서 전형적으로 나타나는 지의류 군락이 발생한다. 이를 '알칼리성 먼지' 효과라고 부른다. 대기의 질, 인근 농장으로부터 오는 영양소, 빛의 양, 그리고 습도 역시 매우 중요한 영향을 미친다.

북부 침엽수림

북부의 침엽수는 지의류에게 훌륭한 서식처이며 오래된 나무일수록 지의류의 다양성이 높다. 이런 숲은 유명하고 멋진 실송라(*Usnea longissima*, 60쪽)의 자생지이다. 일반적으로 '므두셀라 수염(Methuselah's lichen)'으로 알려져 있는데, 지의류

> ### 나무에 왜 다른 지의류가 자랄까?
>
> 한 그루의 나무도 지의류의 일생 동안 다양한 서식처를 제공한다. 자연천이와 나무 환경의 변화로 인해 지의류 군락이 바뀐다. 어떤 지의류는 자라는 데 30년이나 소요된다. 59쪽 위 왼쪽부터 분말투구지의, 유럽붉은녹꽃잎지의(노란색)와 헬멧지네지의(*Physcia adscendens*, 회색), 풍선송라(나뭇가지와 잔가지), 주름탱자나무지의(*Ramalina fraxinea*, 노출된 줄기). 아래 왼쪽부터 흰잿빛김지의(*Leptogium cochleatum*, 이끼가 낀 줄기), 평평한손톱지의(*Peltigera horizontalis*, 이끼가 낀 기부), 나무껍질지의(*Lecanactis abietina*, 틈, 건조한 수피), 살색주황단추지의(*Caloplca luteoalba*, 상처 자국). 이 나무에서 지의류 종의 서식처가 다양하게 나타난다.

숲의 지의류

숲의 지의류

중 가장 길고 풀어 보면 길이가 3m 이상인 경우도 있다. 유럽, 아시아 그리고 북아메리카의 북방 침엽수림이 있는 거의 극지 부근까지 분포한다. 유럽에서는 노르웨이가 마지막 주요 서식지이고, 그곳에서 독일가문비나무(*Picea abies*) 가지 주변을 휘감고 있다. 크리스마스트리를 반짝이로 장식하는 전통의 기원이 된 것이 바로 송라류로 여겨진다. 오래된 숲에 나타나는 실송라는 노목에 매달려 있는 것이 일반적이지만 환경이 아주 잘 맞으면 가끔 어린 나무에서 생육하기도 한다. 태평양 연안 북서부는 실송라와 많은 다른 지의류를 위한 중요한 서식처이며, 실송라는 남쪽으로

▲ 수염 형태의 지의류인 송라류, 가시끈지의류(*Alectoria*), 철사나무지의류(*Bryoria*)에 속하는 종들로 덮인 침엽수가 회색빛 백발처럼 보인다. _캐나다 브리티시컬럼비아 조프르 호수 도립공원

▶ 나무에 매달려 있는 실송라. _미국 알래스카 남동부

북캘리포니아의 레드우드(Sequoia sempervirens)가 자라는 지역까지 뻗어나간다. 이 지의류는 북점박이올빼미(Strix occidentalis)의 분포 범위 안에서 나타나는데 깃대종인 이 올빼미와 같이 서식지 내에서 실질적인 보호가 이루어져야 한다.

남반구의 우림

지의류는 남반구 우림에서 다양성이 가장 높은 식물 분류군 중 하나이다. 호주 태즈메이니아의 숲에는 200종이 넘는 대형 지의류들이 있고, 고착지의류는 꽃 피는 식물보다 최소한 네 배 이상 있다. 뉴질랜드, 태즈메이니아 및 남아메리카 전

▲ 주목할 만한 고착지의류 가루주머니꽃잎지의. 이것은 특이하게 녹조류를 포함한 분아보다는 분말형 두상체를 생성한다.

◀ 끈적금테지의. 태즈메이니아와 칠레에서 가장 흔한 우림성 지의류이다.

역에 걸쳐 있는 우림의 지의류는 서로 유사하며 6,500만 년 전 현재의 남반구 대륙으로 분할된 고대륙인 곤드와나대륙이 그 기원이라고 생각된다.

이런 우림 지역에서 지의류에게 가장 좋은 곳은 빛이 비교적 많이 드는 열린 곳이다. 지의류는 나무의 밀도가 비교적 낮은 고지대에서 특히 발달하지만, 저지대에서도 캐노피(임관, canopy) 위로 뻗어 나와 키 큰 가지들을 덮어 버릴 수 있다. 금테지의류, 작은꽃잎지의류(*Psoroma*), 갑옷지의류, 뒷손톱지의류와 같은 대형 지의류들은 빨리 자란다. 이 지의류들은 시아노박테리아를 갖고 있고, 공기 중의 질소를 고정하면서 우림에 많은 양의 영양분을 공급하는 데 지대한 공헌을 한다. 뉴질랜드에서 조사한 결과 빗물을 통해서 흡수되는 질소의 양이 1헥타르당 1~2kg인 것에 반해 공기로부터 흡수되는 양은 1~10kg으로 높게 나타났다. 지의류는 이런 울창한 숲에서 매우 빨리 자라고 빨리 교체가 일어나기 때문에 종종 숲 바닥에서 분해되는 것을 볼 수 있다. 현장 실험을 한 결과 태즈메이니아와 칠레에서 가장 흔한 우림성 지의류인 끈적금테지의(*Pseudocyphellaria glabra*)는 최대 25% 정도가 4개월 반 만에 분해되는 것으로 나타났다. 다른 지의류, 특히 갑옷지의류는 이보다 더 빨리 분해되기도 한다. 지의류는 질소를 포함하고 있어서 숲에 중요한 질소 공급원인데, 대체로 적은 양의 아미노산과 핵산으로 단백질과 키틴을 만든다. 일부 종들은 젖어 있을 때 생선 썩는 냄새가 나는데 이는 특히 트리메틸아민(trymethylamine)과 같은 아민(amine)을 포함하고 있기 때문이다.

가루주머니꽃잎지의(*Pannaria durietzii*=*Psoroma durietzii*)는 남반구 우림의 대표적인 고착지의류이다. 이것은 특이하게 녹조류를 포함한 분아보다는 가루처럼 된 사마귀 모양의 구조(두상체)를 생성한다. 균류는 구슬말류에 속하는 시아노박테리아의 한 종이 포함된 분아를 분산시킨다. 어린 지의체는 무정형이라 그들의 모체와는 혼동되지 않는다. 이들이 전형적인 지의체를 만들려면 호환이 가능한 녹조류를 잡을 필요가 있다. 흥미롭게도 최초의 시아노지의류(cyanolichen)로 알려진 화석지의류인 망상화석지의 역시 분아와 같은 구조를 형성하고 있다(48쪽 참조).

열대우림

열대우림은 꽃 피는 식물의 다양성이 높은 곳으로 잘 알려져 있다. 지의류에게도 서식처가 제공되는데, 지의류는 거목으로 그늘진 판근 위와 지면에서 20~30m 높이의 캐노피에서도 자란다. 지의류가 양적으로는 공헌도가 비교적 낮지만, 다양성에 있어서는 공헌도가 높다. 저지대 숲에서는 광합성자로 오랑캐꽃말속을 갖는 고착지의류가 주로 많은데 어둡고 습한 환경을 잘 견딘다. 캐노피는 접근하기 어려운 경우가 많아 여기에 생육하는 지의류는 아직도 조사가 많이 이루어지지 않고 있다. 그러나 이곳에는 녹조류를 갖는 대형 지의류와 고착지의류가 존재할 것으로 추정된다.

수천 년 동안 안정적으로 유지되어 온 열대우림에서는 좁은 면적에서도 지의류 다양성이 아주 높을 수 있다. 코스타리카 우림 지대 하층에서는 300종에 달하는 엽상성지의류(foliicolous lichens, 葉上性地衣類)가 단 한 곳에서 나타난다. 단 한 장의 월계수(*Ocotea atirrensis*) 잎에서 50~80종의 지의류가 발견된다. 같은 시각에서 보면, 영국에서는 유럽회양목(*Buxus sempervirens*)의 경우 단지 두세 종의 지의류가 잎에서 자란다. 열대식물은 생장률이 높아 지의류가 군체를 형성할 수 있는 새로운 잎 표면을 많이 제공할 수 있고 지속적으로 많은 엽상성지의류가 6~12개월 동안 생식이 가능한 단계로 성장하여 유성생식기관과 무성생식기관을 생산한다. 엽상성지의류는 일반적으로 관속식물의 다년생 잎에서 폭넓게 나타난다. 대부분의 종은 잎을 단지 서식 장소로만 이용하지만 잎의 큐티클층 밑에서 자라는 지의류는 식물로부터 양분을 얻을 수도 있다. 열대지방의 고지대는 하루 중 대부분이 구름에 싸여 있어서 지의류의 생물량과 다양성이 높고 나뭇가지와 잔가지마다 지의류, 이끼류, 착생란이 매달려 자란다. 파푸아뉴기니에서는 쓰러진 담팔수류(*Elaeocarpus*) 나무 한 그루에서 173종의 지의류가 생육하는 것이 밝혀졌는데 이는 아마도 한 나무에서 기록된 가장 많은 종수일 것이다.

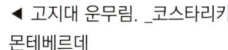
◀ 고지대 운무림. _코스타리카 몬테베르데

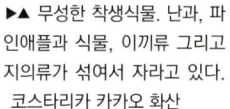
▶▲ 무성한 착생식물. 난과, 파인애플과 식물, 이끼류 그리고 지의류가 섞여서 자라고 있. _코스타리카 카카오 화산

▶▶ 열대우림은 잎 위에서 생육하는 지의류에게 최적의 서식지이다. 잎에 서식하는 눈썹솜털지의(*Byssoloma discordans*).

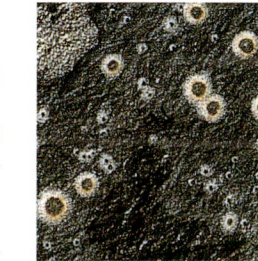

▶▼ 눈썹솜털지의. _코스타리카

극한 환경의 지의류

도시 지역

일반적으로 지의류는 아주 깨끗한 자연환경에서 느리게 자라는 대표적인 생명체라고 생각하지만 이들은 시가지에서도 자란다. 다수의 '지의류 숲'이 전 세계 도시와 마을에서 나타나는데 사람들은 무의식적으로 그들을 발로 밟아 버려서 주목을 받지 못한다. 포장도로, 벽돌과 콘크리트 벽, 지붕, 나무, 쓰레기통 뚜껑, 오래된 가죽, 고무 타이어, 시립 폐차장의 녹슨 자동차도 지의류에게는 이상적인 서식처가 될 수 있다. 빌딩이 이례적으로 지의류가 풍부한 서식처가 되기도 하는데, 특히 깨끗한 지역에서는 더더욱 그렇다. 지의생태학자인 올리버 길버트(Oliver Gilbert) 박사가 영국에서 도시 폐기장을 조사하는 동안 기록한 지의류 중 20% 정도가 미기록종이었고 전국적으로 드물거나 거의 알려지지 않은 종이었다.

프랑스 북부에서 약 40종의 지의류가 15세기, 16세기로 거슬러 올라가는 교회의 스테인드글라스에서 자라고 있는 것이 발견되었다. 놀랍게도 응결이 일어나는 창의 안쪽 부분에서도 지의류가 자라고 있었는데 이는 흔치 않은 일이다. 창의 색에 따라서 지의류로부터 받는 영향이 다른데, 특히 황금색은 독성이 있는 은염을 포함하고 있어 지의류 공격을 거의 받지 않는다. 교회 묘지는 지의류의 오아시스이다. 잉글랜드의 저지대는 자연적으로 바위가 노출되어 있지 않아 교회 묘지의 비석이 바위에서 자라는 지의류의 중요한 생육 장소가 된다. 예를 들어 브리튼 섬에서 희귀종인 암상유사주황암호지의(*Paralecanographa grumulosa*=*Lecanactis hemisphaerica*)는 영국 적

◀◀ 회색빛 지의류로 뒤덮인 교회. 지의류가 거의 없는 부분은 스테인드글라스에 들어 있는 납 성분이 유출되어 나타난 결과이다. 그러나 자세히 조사해 보면 납에 내성이 있는 지의류도 나온다. _영국 웨일스 펨브룩셔

◀ 석회질의 묘비에서 자라고 있는 지의류. _영국 웨일스 펨브룩셔

극한 환경의 지의류

◀ 산성의 점판암 묘비에서 자라는 지의류. _영국 데본 런디 섬

극한 환경의 지의류

색목록집(Red Data List)에 올라 있는 멸종위기 지의류인데, 영국 남부에 있는 오래된 교회 석회벽에 제한되어 나타난다. 브리튼 섬 전역에서 630종 이상(영국에서 발견된 전체 종의 1/3이 넘음)이 교회 주변에서 나타나는데 서식지는 주로 돌이지만 교회 경내, 묘지, 수도원, 성당 주변의 목재, 나무, 토양에서도 나타난다.

호금속지의류는 인공 구조물 위나 아래에서도 생육한다. 흥미로운 예 중 하나가 오스트리아의 포도나무 지지대 위에 생육하는 포도원접시지의(*Lecanora vinetorum*)이다. 그곳에서는 일상적으로 살균제인 보르도액을 뿌리는데 이는 포도나무 덩굴에 있는 곰팡이를 없애기 위해서이다. 포도원접시지의는 다른 자연환경에서는 알려지지 않았고 최근에 진화한 것으로 보인다. 지의류는 철조망 울타리, 전기 철탑, 고속도로를 따라 설치한 충돌방지벽 등의 빗물이 떨어지면서 생긴 빗길 밑에서도 발견된다.

암석해안

암석해안은 소금기가 있는 물보라와 바람이 들이쳐서 많은 식물들이 싫어하는 곳인데, 지의류는 오히려 그곳에서 뛰어난 생명력을 보인다. 당신이 온대 지방에서 산다면 암석해안의 작은 지역에서 바위와 자갈을 자세히 살펴보면 생태띠 모양의 가장 극적인 사례 중의 하나를 보게 될 것이다. 해초와 따개비 위에도 지의류 여러 종의 독특한 색깔의 띠가 펼쳐져 있다. 이들은 소금기가 있는 물보라를 견디는 저항력이 각각 다르다. 일부 지의류는 만조 시 정기적으로 바닷물 속에 잠기기도 한다. 새들로 인해 영양분이 고농축된 해변

가도 어떤 지의류가 자랄 수 있는가를 결정하는 중요한 요인이다.

가장 아랫부분의 띠가 검은색 타르 같은 피자지의류인 구멍지의류(Verrucaria spp.) 군락이다. 윗부분의 밝은 오렌지색 띠 부분은 주황단추지의류와 붉은녹꽃잎지의류가 장악하고 있는 곳이다. 마지막은 회색 부분으로 여러 고착지의류와 수지상지의류인 탱자나무지의류(Ramalina spp.)가 군락을 이룬다. 모든 띠는 몇 미터 이내로 축소될 수도 있는데 이는 바위의 경사도, 조수 간만의 차와 노출 정도에 따라서 폭이 결정된다. 이런 띠 모양의 현상은 북반구에서는 남쪽으로 향한 절벽 해안에 가장 잘 발달되어 있다. 북부 스코틀랜드의 세틀랜드와 같이 노출된 섬에서는 소금기가 잔뜩 들어 있는 폭풍이 불어 해발 약 450m의 정상까지 검은 검은띠구멍지의(Verrucaria maura)의 군락이 자랄 수 있다. 아주 가끔 남서풍인 겨울 강풍이 부는 기간에 소금기가 많은 바람이 내륙까지 불면 해안성 탱자나무지의류 종이 내륙에서 군락을 이루기도 한다. 이에 관한 좋은 예를 영국의 남쪽 해안에서 내륙으로 50km 떨어진 곳에 위치한 선사시대 유물 스톤헨지에서 볼 수 있다.

에콰도르를 향해 여행하다 보면 강렬한 고온과 소금 때문에 해수면에서도 잘 자라는 지의류조차 살기 힘든 환경이 되어 서식 지대의 특징적인 색이 사라진다. 그렇기 때문에 대서양 제도의 마데이라 섬과 포르투산투 섬에서는 지의류가 해발 100~200m의 높은 절벽에서만 자라고, 대서

◀ 지의류가 검은색(검은띠구멍지의)과 오렌지색(주황단추지의류와 붉은녹꽃잎지의류)의 띠를 이루고 있다. _영국 웨일스 펨브룩셔

▼ 피자지의류인 구멍검은점지의(Pyrenocollema halodytes)가 따개비 껍데기를 파고들었다. 껍데기 위의 수많은 검은 점을 주목하라.

기름 유출

영국계 석유회사 BP가 1970년대 중반 스코틀랜드 셰틀랜드 섬에 설럼보 유류터미널(Sullom Voe Terminal)을 세우던 중 작은 기름 유출 사고가 있었다. 이 때문에 해안에서 씻겨 나간 미끄러운 기름이 섬 전체 해변에 광범위하게 퍼졌다고 보고되었다. 이 보고들을 조사해 보니 모든 물질에 검은띠구멍지의가 포함되어 있었고, 이 지의류는 가끔 '타르일룩(tar-spot) 지의류'라고 불리기도 한다. 이 사고가 일어나기 전까지는 이 지의류의 존재를 아는 사람이 거의 없었다. 유출된 기름이 지의류를 변색시킬 수는 있지만 오히려 기름 제거 작업에 쓰이는 세정제보다는 독성이 덜한 것으로 보인다. 세정제는 기름을 더 넓게 분산시켜서 모든 표면이 영향을 받게 될 수도 있다. 적어도 일반적으로 흔한 지의류 종이라면 보통 기름 유출이 있고 나서 5~10년 안에는 회복된다.

▼ 순록의 반추위 내용물 중 계절별 식물 종류의 변화. _노르웨이 하르당에르비다

▼▼ 나뭇가지에 달린 말총철사나무지의(*Bryoria fuscescens*)와 유사말총철사나무지의(*B. pseudofuscescens*)를 먹고 있는 검은꼬리사슴. _미국 몬태나 스완밸리

양 중앙에 있는 어센션 섬에서는 300~400m에서 자라고 있다.

북극 툰드라

북극 툰드라 지역은 지의류가 지배하는 지역이다. 지의류는 땅, 관목, 그리고 바위와 같은 모든 장소에 존재한다. 가장 눈에 띄는 지의류는 사슴지의류인 뿔사슴지의와 그 근연종이다. 어떤 지역은 지의류 생물량이 300g/m³를 넘는다. 순록은 입맛에 맞는 종을 구할 능력에 따라 다양한 식물을 먹고 사는데 사슴지의류와 다른 지의류는 순록이 꾸준히 얻을 수 있는 먹잇감이다. 특히 겨울에는 순록이 먹는 먹이의 60~70%를 지의류가 차지한다. 순록은 깊고 부드러운 눈에 구멍을 파서 지의류를 얻는다. 대부분의 동물들은 지의류 안에 존재하는 주요한 다당류인 리케난(lichenan)과 아이소리케난(iso-lichenan)을 소화시킬 수 없는데, 순록은 이를 소화시킬 수 있는 장내 미생물을 갖고 있다. 겨울 6개월 동안 순록 한 마리는 2,160m²에서 지의류를 뜯어 먹는데, 순록이 떠나면 지의류가 그만큼 재생하는 데 10~20년이 소요된다.

방사성 순록

지의류는 핵폭탄 실험, 원자력 위성의 추락, 원자력발전소의 사고에 의해 발생되는 오염을 측정하는 데 성공적으로 사용되고 있다. 체르노빌 원자력발전소의 원자로 4호기가 1986년 4월 26일 폭발했을 때 북반구 전역에 걸쳐 가축 떼가 방사선 오염의 위험에 노출되었다. 하지만 그 어느 곳도 노르웨이의 사미인(라플란드인)보다 더 큰 위협으로 다가온 곳은 없었다. 사미인은 원래 노르웨이, 스웨덴, 핀란드, 러시아의 북극 지역에 이전부터 널리 퍼져서 살던 사람들이다. 이들 유목민은 식량, 의복, 무역을 순록에 아주 많이 의존하였다. 체르노빌 사건 이후 유럽에 자생하는 지의류에 축적된 방사성동위원소 세슘 137의 양을 측정했더니 이전보다 165배나 높았다. 순록고기의 판매 허용치는 원래 300베크렐(Bq)/kg인데 그

사고 이후 1986년 11월에 6,000Bq/kg까지 올라갔다. 일부 순록에서는 10,000Bq^{137}Cs/kg을 초과하는 수준으로 측정되기도 하였다. 모호한 법안일지라도 사미인에게 예외가 되지는 않았다. 1988년 한 해에만 545톤의 순록 사체가 유독성 폐기물로 처분되었다. 하지만 이것은 사미인에 가혹한 결과를 초래하였다. 그들의 1차적 식량은 완전히 오염되었고, 정부의 안전기준을 통과한 것과 기준 이상 오염된 순록을 구별하는 것은 불가능했다. 지역 주민들의 전리방사선 검사 결과, 갑상선암을 비롯한 암 발생률이 증가하였다. 순록 무역은 사미인의 독점 사업이었고 이들을 독립적으로 존속하게 하는 기반이었다. 체르노빌 재앙 이후 남아 있던 1만 9,000명의 노르웨이 사미인은 점점 더 많은 지원을 정부에 의존하게 되었다. 그런 의존적 상태는 세대를 걸쳐 내려온 사미인의 기술과 문화적 관습이 사라지는 결과를 야기하고 이들의 존재 기반을 약화시키고 있다.

- 지의류는 전리방사선에 매우 강하다. 실험 시 지의류는 8m 정도 떨어진 곳에서 2년간 매일 1,000rad/s를 쏘여도 생존하고 지속적으로 생장을 하는데, 이런 실험을 지의류가 생육하는 나무를 포함한 관속식물에 하게 되면 모두 고사한다. 인간은 400rad/s에 단 한 번 노출되어도 사망한다.
- 이런 점으로 지의류는 세슘뿐 아니라 다양한 방사성 핵종을 위한 생물지표로 이용될 수 있는 잠재력이 크다. 이와 같은 물질을 고농도로 축적하기 때문에 이들은 다른 많은 생명체보다 분석이 용이하다.

고산지대

산은 극단적인 온도 변화, 높은 자외선 조사량과 바람의 세기, 가변적인 적설량과 짧은 생장 계절 등으로 살기 힘든 환경이다. 지의류는 살아남기 위하여 이 모든 것에 대처하여야 한다. 알프스와 히말라야의 고산에서 자라는 지의류 군락은 극지방에서 자라는 지의류와 흡사한데, 그중 일부는 현지화되거나 한정된 지역에서 특징적으로 나타나기도 한다. 히말라야에서는 극단적인 고도에서 생육하고 있는 지의류가 기록되었다. 1972년 유고슬라비아–히말라야 탐사에서 카라코람 지역 7,000m 지점에서 주홍붉은녹꽃잎지의(*Xanthoria elegans*)가 보고되었고, 마칼루의 남쪽 사면 7,400m 지점에서 유럽접시지의(*Lecanora alpigena*=*Lecanora polytropa*)가 보고되었다. 흥미롭게도 이들 지의류는 고산에서만 한정되어 나타나는 것이 아니라 전 세계의 규산염암이 있는 저지대에서도 발견된다. 이와 같은 특이한 지의

▼ 아메리칸석이(*Umbilicaria virginis*), 석이지의류(*Umbilicaria* spp.)의 지의체는 직경 15cm에 달하기도 한다. _미국 캘리포니아 시에라네바다

극한 환경의 지의류

▲ 고산지대의 노출된 암석 위에 생육하는 주홍붉은녹꽃잎지의(밝은 오렌지색)와 다른 종류의 지의류. 강한 자외선을 포함하여 극한 기후 조건을 견뎌야 한다. _오스트리아 알프스 티롤

류는 새에 의해 영양분이 풍부해진 일부 고산 지역에서 자랄 수 있다.

눈이 아주 많이 쌓여 있어 수년 동안 극한의 추위에서 보호된 설전(snow bed)은 지의류에게 역시 아주 좋은 서식지이다. 고산의 짧은 여름 동안 설전은 특이하게 축축하고 차갑고 어두운 환경이 된다. 이런 곳에서 자라는 전형적인 지의류는 최소한 성장의 초기 단계에는 시아노박테리아와 결합을 하고 나중에 녹조류로 갈아탄다. 이런 현상은 붉은배쑥뜸지의(*Sololina crocea*)에서 볼 수 있는데 처음에는 아주 작은 엽상체가 이끼 쿠션 안에 자리 잡고 있다가 나중에 녹조류를 얻게 되면 자신의 전형적인 지의체를 형성한다. 남조류의 질소고정 능력은 이런 도전적인 환경에서 특히 중요하게 여겨진다.

더 건조하고 노출된 고산의 황야지대에는 제멋대로 뻗은 희고 벌레처럼 생긴 서리지의가 이끼류와 소관목 사이사이에 나타난다. 이 종은 북반구와 남반구 모두에서 나타난다. 대형 지의류 중에서 특이하게도 단순한 무성생식 방법만 알려져 있다.

남극

남극대륙은 넓이가 1,450만km2나 되는 아주 방대한 곳이다. 하지만 남극 전체에서 얼지 않는 곳은 해안에 해당하는 2% 미만의 면적에 불과하다. 눈에 잘 띄지 않는 꽃 피는 식물 두 종류가 전 지역에서 자라는데 그중 한 종류는 벼과식물이다. 약간 따뜻하고 습기가 많은(연 강수량 약 400mm) 남극 해안 중 생장에 유리한 돌이 많은 지역에 수지상지의류 군락이 몇 헥타르에 걸

▲ 서리지의, 이끼와 고산식생 사이에서 무질서하게 생육.

▶ 붉은배쑥뜸지의 밝은 오렌지색 하피층과 지의체에 파묻힌 형태의 갈색 나자기. _알프스 잔설지대

처 광대하게 펼쳐져 있다. 남극대륙 전체에는 약 200~300종의 지의류가 서식한다고 추정되는데 그중 가장 많은 25종이 송라류와 철사나무지의류에 속하는 수지상지의류이다. 최근 연구로 지의류가 예전에 우리가 알고 있던 것보다 더 빨리 생장한다고 밝혀졌는데 자이언트풀마갈매기(*Macronectes giganteus*)와 같은 새들의 배설물 덕분에 영양원이 충분한 지역의 경우 특히 빨리 자란다. 지의류는 최근에 깨진 음료수 유리병 조각 위에서도 자라고 있는 것이 발견되었다. 이런 어려운 환경은 생존에 취약하지만 이것은 지구 대기권 밖에 있는 성층권의 오존층 파괴로 인하여 지표면에 도달하는 자외선B의 양이 증가하는 것과 같은 지구환경 변화에 지의류가 적응하고 있다는 신호이다.

오존홀

1970년대 영국 케임브리지에 있는 영국남극조사단이 남극을 조사하면서 대기권 바깥에 있는 성층권의 오존 양이 급격하게 감소한 것을 처음으로 알게 되었다. 이 현상은 냉장고와 에어컨의 냉매제로 사용하는 프레온가스(CFCs)가 주원인으로 생각된다. 오존이 태양으로부터 오는 유해한 자외선B를 일부 흡수하기 때문에 오존층의 파괴는 치명적이다. 비록 자외선B는 지구에 도달하는 전체 태양광의 1%도 안 되지만 이들은 생명체에

▼ 남극 해안 지역에는 수지상 지의류가 주로 분포한다. 흑색 반노란송라(누런색)와 검은남극나무지의(*Himantormia lugubris*, 검은색) 군락. _제인 봉(가운데)과 로빈 봉(오른쪽)이 보이는 스톤처트 위쪽 시그니 섬

손상을 일으켜 필수 생명 활동에 지장을 준다. 인간과 동물이 자외선에 과도하게 노출되면 피부암이 발생할 수 있다. 프레온가스 배출 감소를 목적으로 1987년 채택된 '오존층 파괴 물질에 관한 몬트리올 의정서'를 비롯한 국제적인 합의에도 불구하고 이런 문제들은 우리가 예상했던 것보다 더 큰 규모로 나타나고 있다. 피부암의 원인인 자외선에 지나치게 노출되지 않도록 우리 자신을 보호할 필요가 있다. 그러므로 높은 수준의 자외선B에 자연 적응한 지의류와 다른 생명체에 대한 연구가 중요하다.

천연 자외선차단제

지의류는 자외선으로부터 자신을 보호하는 방법을 진화시켜 왔다. 남극 해안 지대에 생육하고 있는 흑색반노란송라(*Usnea aurantiaco-atra*, 이전에는 *Neuropogon*으로 분류함)와 여러 지의류에서 상피층에 있는 우스닌산의 양은 계절과 자외선B 수준에 따라서 달라진다. 이것은 이끼류나 지의류가 환경 변화에 적응하여 자외선B 수준이 올라가면 우스닌산을 더 많이 생성한다는 것을 말해 준다. 오래전에 채집된 표본과 최근에 같은 지역에서 채집된 표본을 비교해 보면 우스닌산의 농도에 차이가 있는데, 이는 지의류가 자외선B의 변화를 모니터링하기에 편리한 방법이라는 증거

◀ 영국자연사박물관 표본관에서 소장하고 있는 흑색반노란송라 표본. 찰스 다윈이 비글호 항해 동안 채집한 34종의 지의류 중 하나이다.

이다. 다른 색소들도 외층에 나타나는데 이들 역시 자외선B의 피해로부터 지의류를 보호하는 기능을 한다. 어느 제약회사에서는 더 효과적인 자외선차단제를 개발하기 위하여 지의류의 이런 특성을 조사하고 있다.

화성의 생명체?

만약 남극을 여행한다면 내륙 쪽으로 갈수록 암석 위의 지의류가 점점 더 적어지는 것을 알게 될 것이다.

남극횡단산지를 따라 남쪽으로 남위 78도 부근에는 약 28종이, 남위 84도 부근에는 26종이 있는데 남위 86도(남극 가까이)에는 2종의 지의류가 겨우 자란다. 이와 같은 극한 조건에서 살아남으려면 지의류는 아주 낮은 온도에서도 광합성을 할 수 있어야 한다. 만약 눈 아래에서 대기로부터 충분한 수분을 얻을 수 없고 얼어 있는 동안 광합성을 할 수 없다면 지의류는 이곳에서 살 수 없다. 지의화된 균류는 이런 혹독한 환경을 극복할 수 있는 독창적인 방법으로 진화했다.

지구상에서 가장 극한 환경은 몹시 추운 남극대륙 내부의 계곡이다. 남극 고원에서 건조한 바람이 불어 내려 진정한 사막 조건이 만들어지는데 최고기온이 섭씨 0도 이상으로 절대 오르지 않고 섭씨 영하 60도 가까이 떨어진다. 광활한 면적의 암석과 토양은 눈과 얼음에 덮여 있지 않

▶ 남극의 다공성암석균.

고, 일교차가 매우 크다. 기온이 섭씨 영하 40도라 해도 햇빛이 비치는 기간에는 지표면 온도가 30도에 달한다. 연평균 상대습도와 강수량은 낮다. 이렇게 몹시 추운 사막에서는 식물과 동물의 어떤 흔적도 보이지 않는다. 그러나 반투명하고 다공성인 암석 내부에는 표면 바로 아래에 좁은 공간이 있어 미생물에게 유리한 미기후(주변과 다른 특정 지역의 기후)를 제공한다. '다공성암석균(cryptoendoliths)'(암석 안에 숨어 있는 생물)으로 알려져 있는 지의류가 이 지역에서는 우점종이다. 그들은 화강암과 대리석의 무색 결정 입자 사이를 침투하여 생존하고 있다. 석영 입자로 된 무색의 상층은 암석 안의 지의류를 보호한다. 색이 있는 층 사이에 낀 검은색 색소가 있는 층과 더 안쪽의 흰색 층에서 균사가 녹조류와 느슨하게 결합하고 있다. 트레복시아속에 속하는 일반적인 녹조류는 녹색의 층으로 구별할 수 있다. 시아노박테리아를 포함한 박테리아는 군집 형태로 존재할 수 있지만 균사와 결합되어 있지는 않다. 색상 배열에 일부 변화가 있어서 검은 색소의 층이 가끔 상층부에 나타나기도 한다. 이런 변화는 환경요인에 달려 있다고 생각된다. 이와 같은 지의류는 보통 간단한 실 모양의 생상형은 줄어들지만, 이들이 유리한 미기후 조건에 있으면 작은 고착형 지의체를 형성하는데 고도로 조직화되고 나자기가 있는 엽상체가 층을 이룬다. 바위딱지지의속, 숯검정혹지의속(*Buellia*), 검은테접시지의속(*Lecidea*)을 포함한 몇몇 속이 알려져 있다. 이런 지의류는 다양한 종류의 지의화되지 않은 균류, 조류, 시아노박테리아, 박테리아와 함께 나타난다.

남극 다공성암석균의 생존은 생물학적·지질학적 요소 간의 불안정한 균형에 따라 결정된다. 환경이 불리하게 변하면 죽어서 미세화석으로 남기도 하는데 이것은 그들이 이전에 존재했었다는 숨길 수 없는 흔적이다. 실제로 남극의 환경은 화성의 지표면과 가장 비슷하다고 보기 때문에 화성에서 지의류를 찾을 것으로 기대하고 있다. 몇몇 연구 단체들이 이런 낯선 생물의 형태, 광물과 풍화 패턴을 연구하면서 화성의 암석과도 비교하고 있다.

열대사막

꽃 피는 식물이 살지 않는 건조한 사막이라고 해도 지의류는 충분히 살 수 있는데 이는 지의류가 습한 공기에서 충분한 양의 물을 흡수하여 생리적으로 활성화될 수 있기 때문이다. 이스라엘의 네게브 사막에 생육하는 얇은탱자나무지의는 상대습도가 80%일 때 광합성이 가능하다. 밤에 기온이 급격히 떨어지면 이슬이 맺히기 때문에 건조한 사막에서 이 정도의 습도는 자주 나타난다. 이슬을 이용하여 밤새 물을 확보한 엽상체는 해가 뜸과 동시에 아주 빠른 속도로 광합성을 시작한다. 기온이 올라가 엽상체가 말라 버리면 광합성을 중단한다(27쪽 참조). 해안에 위치한 사막은 바다의 급격한 기온 변화를 완화시키고 높은 습도, 안개 또는 이슬이 자주 형성되기 때문에 지의류에게는 이상적인 환경이다. 리트머스지의속(*Roccella*), 탱자나무지의속, 붉은녹지의속(*Teloschistes*)에 속하는 수지상지의류가 가장 많고, 이 지의류들이 우점한 지역에 꽃 피는 식물은 거의 없다.

극한 환경의 지의류

▲ 붉은녹지의류 들판. _나미비아
나미브 사막

나미브 사막은 남아프리카에서 가장 건조한 지역이지만, 1,000km에 걸친 좁고 긴 해안 지대는 연간 285일 이상 연안안개가 낀다. 안개가 없는 날이라도 하루의 대부분이 상대습도가 100%로 유지된다. 차고 영양이 풍부한 남극의 바닷물이 해안을 따라 흐르는 따뜻한 벵겔라 해류와 만나 용승이 일어나기 때문이다. 중앙 나미브 사막의 해안 자갈 평원은 밝은 오렌지색 수지상지의류인 케이프붉은녹지의(*Teloschistes capensis*)가 우점하여 덮고 있는데 이 지의류는 높이 10cm까지 자랄 수 있다. 뷔르츠부르크대학교 오토 L. 랑게(Otto L. Lange) 교수가 이끄는 독일 연구팀은 야외에서 광합성을 측정하였는데 수분 공급, 햇빛의 양, 기온이 최적일 때 안개가 낀 날 동틀 때에만 지의류 생장이 일어난다는 사실을 증명했다. 그러나 안개에 완전히 둘러싸인 지역에서는 지의류가 출현하지 않았는데 이는 아마도 다른 조건들이 중요하다는 것을 의미한다. 지의류 평야와 가까운 곳에서 10만 마리의 케이프물개(*Arctocephalus pusillus*)가 이처럼 생산성이 높은 연안수에서 헤엄치고 있다. 영국 노팅엄대학교의 피터 크리텐던(Peter Crittenden) 박사가 현재 연구하고 있는 흥미로운 가설은 바로 물개 배설물에 의해 생성되는 질소 물질이 이런 환경에 생육하는 지의류 생장에 중요하다는 것이다.

페루와 칠레 북부의 해안에 걸쳐 있는 아타카마 사막은 측정 가능한 강수량으로 볼 때 아마도 세계에서 가장 건조한 지역이다. 여기서 북쪽으로 흐르는 훔볼트 해류는 아타카마 해안에서 떨어져 있는 해양심층수와 만나 온화한 기후가 형성된다. 수지상지의류가 잘 자라는데, 안개와 이슬로부터 수분을 효율적으로 흡수하기 때문에 주변에서 자라는 선인장이 물을 확보할 수 있도록 돕는다.

건조 지역과 반건조 지역에는 생소한 지의류들이 많이 나타나는데, 한자리에 고정되어 있지 않아서 독일어로 '떠돌이지의류(Wanderflechten)'라고 불리는 지의류도 있다. 1829년 러시아-페르시아 전쟁 동안 카스피 지방의 한 마을이 말 그대로 하늘에서 쏟아졌다고 할 만큼 갑자기 지의류로 뒤덮었다. 굶주린 사람들이 그것을 가져다 빵으로 만들어 먹었다. 아마도 이 지의류(*Circinaria esculenta*=*Lecanora esculenta*)는 이집트에서 탈출한 이스라엘 민족에게 기적적으로 내려진 음식이라고 기록된 만나일 것이다.

◀ 선인장에서 자라는 지의류.
_칠레 아타카마 사막

바이오모니터링

환경의 질을 평가하기 위하여 살아 있는 생명체를 이용하는 것은 오래된 일이다. 잘 알려진 초기 예로 석탄 광부들이 갱도에서 카나리아를 이용했다. 만약 카나리아가 죽으면 무취의 메탄가스가 위험 농도에 도달했다는 신호이다. 지의류를 이용하여 오염 수준 또는 환경 상태를 모니터링하는 것은 30년 이상 광범위하게 수행되고 있고, 많은 저서나 수천 편의 논문으로 발표되고 있다.

- 생물지표는 환경의 질에 대한 정보를 얻기 위해 생명체를 이용하는 것이다. 사용되는 생명체는 지표생물이라고 부르고, 오염 물질이나 교란을 직접적으로 측정하는 대신에 오염 물질과 기타 환경 교란의 영향을 감지하고 확인하기 위하여 사용된다.

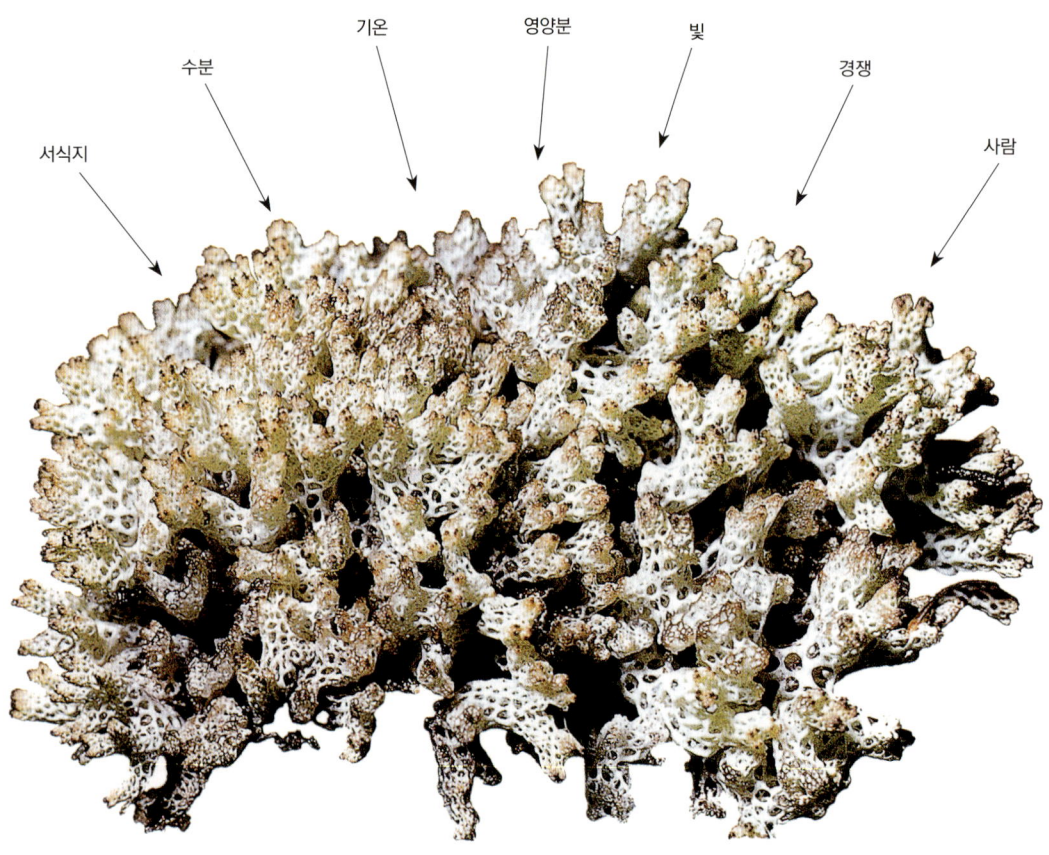

◀ 지의류도 다른 생물과 마찬가지로 생장과 생존에 여러 가지 요인들이 작용한다. 모니터링 프로그램을 설계할 경우 어떤 요인들이 지의류에 영향을 미치는지를 고려하는 것이 중요하다.

- 바이오모니터링은 생물지표를 이용하여 일정 기간에 한 지역을 관찰하는 것이다. 즉 생물지표와 바이오모니터링의 차이는 사진 촬영과 영화 촬영의 차이와 같다고 보면 된다.

지의류는 전 지구적으로 널리 분포하고 다년생이며 수명이 길고 환경으로부터 물질을 축적하는 특성이 있기 때문에 지표생물로서 유용하다. 몇 가지 방법으로 지의류를 지표생물로 활용할 수 있다. 예를 들면 생리학적, 생화학적, 형태적 변화 또는 종의 치환이나 멸종을 통한 군락 구조 내 변화를 살펴볼 수 있다. 환경 교란의 연관성과 민감성이라는 두 가지 본질은 지의류가 이용되는 주요 이유이다. 만약 공생체 간의 민감한 균형이 깨지면 결국 지의류의 죽음을 가져오게 된다. 모든 지의류가 동일한 방식으로 대응하지는 않으며 종에 따라 특정 환경 요인에 대한 민감도가 다르게 나타난다.

공기의 질(아황산가스, 불소, 암모니아 농도 등), 중금속 오염, 숲의 보존 상태와 오존홀 등은 모두 지의류를 이용하여 모니터링하고 있다. 지의류가 기계적 기록 측정을 이용한 모니터링 기술을 대체하지는 않지만, 높은 표본추출 밀도를 가능하게 하고 기계적 기록으로부터 얻은 데이터를 보완하는 저비용 방법으로서 전 유럽에 걸쳐 빠르게 호응을 얻고 있다. 실제로 지의류를 이용한 대기오염 모니터링은 유럽의 일부 국가(독일, 이탈리아, 스위스)에서 의무 사항이다.

스모그

스모그는 전 세계 산업화된 도시에서 일어나는 현상으로 지의류 다양성에 심각한 영향을 준다. 석탄과 석유를 연소하여 생성되거나 자동차에서 배출되는 아황산가스 성분은 지의류에 가장 해롭다. 이로 인해 지의류가 급격히 감소했고, 나무에 엽상지의류와 수지상지의류가 전혀 없는 도심 지역을 묘사하기 위해 '지의사막'이라는 용어가 생겼다. 1960년대 후반과 1970년대 초반, 양적 분석에서 생물학적 측정 등급이 대기 중 아황산가스 농도를 측정하기 위하여 고안되었다. 지의류 다양성지수를 계산하여 유럽, 일본, 북아메리카 도처에서 오염 물질 농도가 인간의 건강과 상관관계가 있음을 알아냈다. 지의류 내 황의 함량 및

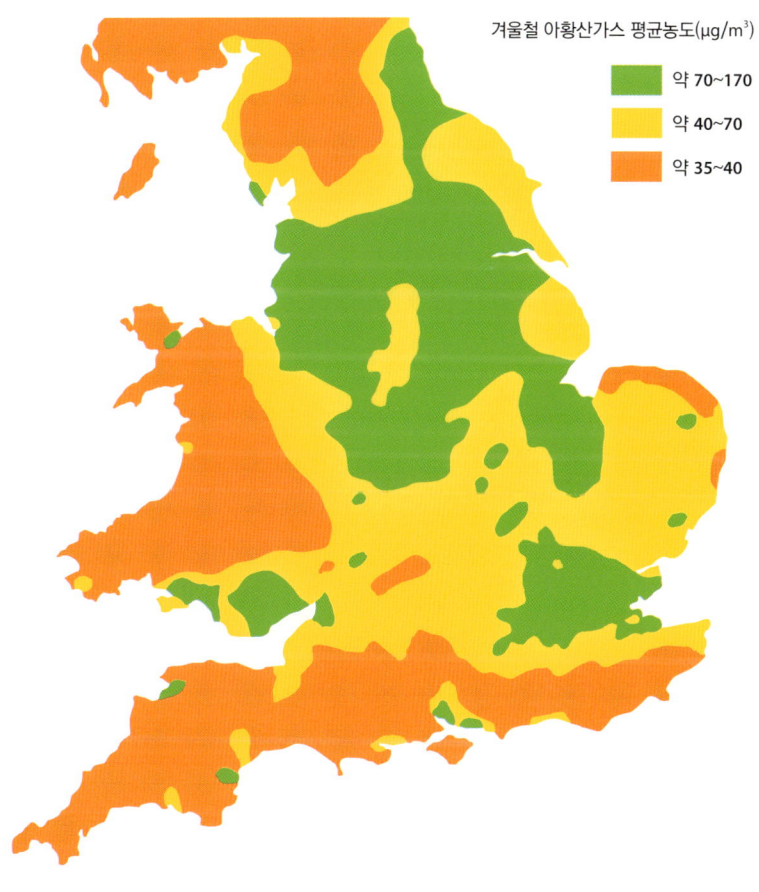

▼ 영국 잉글랜드와 웨일스의 학생들이 '우리의 더러운 공기(Our Mucky Air)'라는 프로젝트를 통해 그린 공기의 질 지도. 학생들은 간단한 측정 등급을 이용하여 집 주변에서 자라는 지의류를 조사하여 지도를 완성했다.

겨울철 아황산가스 평균농도($\mu g/m^3$)
- 약 70~170
- 약 40~70
- 약 35~40

황의 다른 동위원소의 상대적 함량을 서식지나 배출원과 비교하여 분석한 결과, 지의류가 고등식물보다 훨씬 더 많은 양의 황을 흡수하는 것이 밝혀졌다. 학생부터 과학자에 이르는 다양한 연구 그룹을 포함하여 지방과 국가 차원에서 다방면의 연구가 이루어지고 있다.

오염 물질의 농도가 지나치게 높으면 결국 지의류 종이 없어지거나 군락 내 종 조성이 바뀌지만, 지의류 개체 내에서 다양한 생리적 반응이 먼저 일어난다. 아황산가스는 빗물이나 지의류 안에 있는 수분에 용해되어 여러 가지 황화합물을 만들어 낸다. 이 물질은 지의류 내에 농축되어 대사에 영향을 미치는데, 특히 광합성자에 영향을 주어 질소고정, 호흡, 광합성에 지장을 일으킨다. 지의체가 백화되거나(조류 세포 내 엽록소 부족으로) 붉게 변하거나(지의성분의 분해로 인하여) 또는 검게 변하는 등의 생리적 징후가 나타나고 생장이 저해된다. 지의체에 소열편(lobule)이 발달하기도 하고 생장률이 떨어지며 생식기를 만들지 못하게 된다.

국립 및 지방 표본관은 지의류의 과거 분포에 대한 중요한 단서를 제공한다. 시아노박테리아를 포함하는 투구지의류와 근연 분류군(갑옷지의류와 금테지의류)은 특히 아황산가스에 민감하다. 반면에 원추접시지의(*Lecanora conizaeoides*)는 매우 강한 내성을 지니는데 최근에 아황산가스가 줄어들자 개체수도 줄고 있다.

▼ 18세기 말엽에 영국 런던 엔필드 체이스에서 채집된 접합송라의 역사적인 표본.

▼▼ 원추접시지의. 예전에 유럽 저지대의 여러 산업화 지역에 가장 많이 존재했지만 현재는 줄어들고 있다.

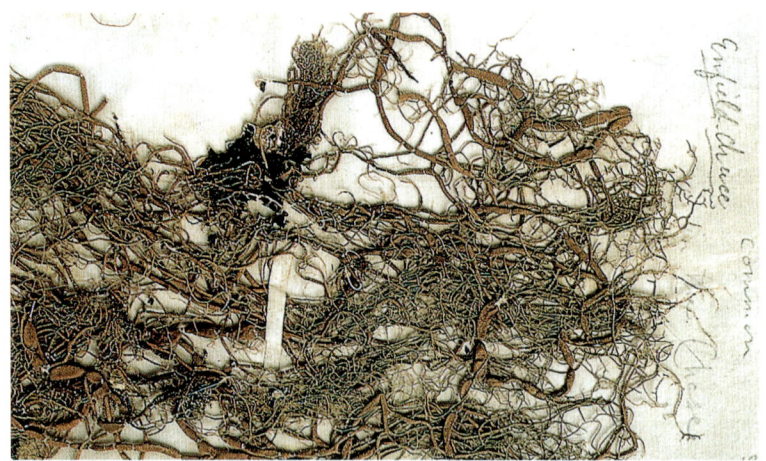

청정공기 규제와 지의류

1956년 '영국 청정공기법(UK Clean Air Act)' 제정과 에너지 정책 변화로, EEC(유럽경제공동체, 현재의 EU)에서 정한 오염 물질 배출 기준을 달성할 수 있는 청정 연료를 사용할 수 있게 되었고 영국 내 아황산가스 배출이 1962년 이후 80%까지 감소했다. 이렇게 오염 물질이 급감하자 오늘날 많은 도심 지역으로 지의류들이 돌아오게 되었고, 전 세계 다른 지역에서도 같은 현상이 나타나고 있다. 파리의 유명한 뤽상부르 공원은 윌리엄 나일랜더가 지의류 감소에 관해 선구적인 관찰을 했던 곳으로, 지금은 다양한 지의류 종이 자라고 있다. 최근 런던의 큐가든에서 72종의 지의류가 보고되었는데 대기오염이 최고조일 때는 6종밖에 발견되지 않았던 곳이다.

지의류의 회복은 여러 요소들이 복합적으로 작용하기 때문에 느리게 진행된다. 잔존하는 군락과의 거리, 오래된 나무의 수피에서 진행되는 산성화 등이 여기에 포함된다. 대기오염 수준이 감소한 곳에서 지의류가 재착생할 때 오염에 의해 종이 없어졌던 차례의 역순으로 일어나지는 않는다. 오염 물질에 민감한 종은 내성을 지닌 종보다 더 빨리 정착한다. 무성생식(분아와 열아)을 하는 지의류가 특히 빠르게 재정착한다. 산업혁명이 한창일 때 브리튼 섬 내 송라류의 분포 범위는 이전보다 2/3 정도로 축소되었다(오른쪽 지도 참조). 1970년 송라류가 사라진 곳에 재유입하기 시작하였고, 그 과정은 현재에도 계속되고 있다. 네덜란드에서는 아황산가스 농도가 낮아짐에 따라, 암모니아 오염 물질로 인해 질소가 풍부해진 환경에서도 잘 자라는 지의류(붉은녹꽃잎지의류를 비롯한 호질소 종)가 빠르게 재유입되고 있다. 아황산가스 농도가 낮아지자 다른 오염 물질들이 지의류의 재유입을 제한하는 현상이 전 유럽에서 나타나기 시작했다. 놀랍게도 원추접시지의는 유럽의 저지대 공업단지 어디에나 흔했지만 지의류로서는 유일하게 존재했던 지역에서도 점점 찾아보기 어려워지고 있다.

아황산가스와 질소산화물이 물에 용해되어 생성되는 산성비는 나무 수피의 산성화를 진행시키는 원인이 되기도 한다. 산성에 강한 지의류, 예를 들어 나무이끼지의(*Pseudevernia furfuracea*)와 철사나무지의류는 이런 환경이 유리하다. 투

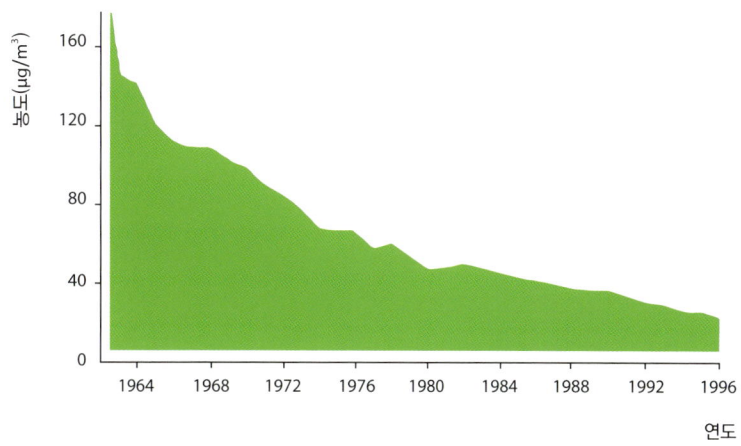

▼ 1962~1996년 영국에서 아황산가스의 연평균 농도 변화.

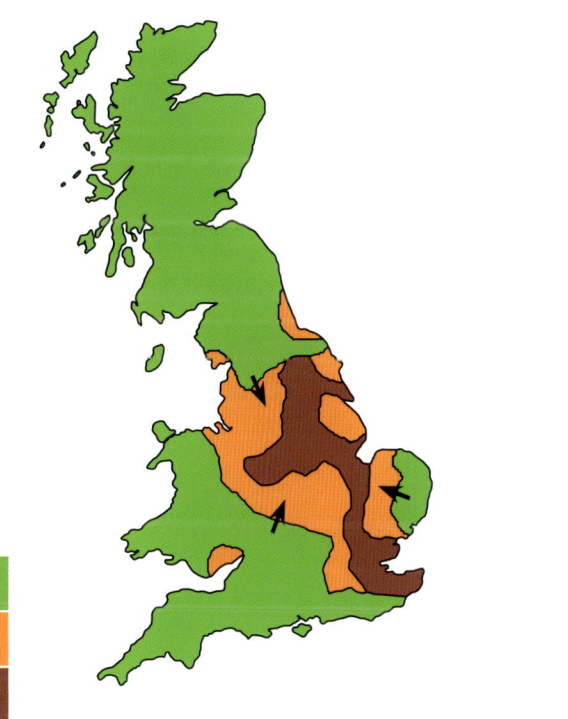

▼ 영국의 송라류 분포 변화.

계속 존재
1970~1998년에 재유입
1800~1900년에 사라져 현재까지 없음

구지의류와 같이 시아노박테리아를 광합성자로 갖는 종은 산성비에 가장 민감하여 오염 지역에서 사라지거나, 구주물푸레(Fraxinus excelsior)처럼 pH가 높아 산성화를 중화시켜 주는 수피에서만 나타난다.

미세먼지

공기 중에 떠다니는 미세한 입자는 오늘날 인류의 건강을 위협하는 오염 물질 중 가장 위험하다. 지름 10μm(0.01mm) 이하의 입자를 미세먼지(PM10)라고 부르는데 인체 내 폐포까지 쉽게 침투해서 매우 심각한 문제가 되고 있다. 공장과 자동차에서 배출되는 가스는 중금속이 많이 섞인 불용성 미립자로 지의체 표면이나 내부에 흡착된다. 살아 있는 생명체에 유해한 납, 아연, 카드뮴, 니켈, 구리, 수은, 크로뮴은 지의류에 고농도로 축적된다. 지의류에 해가 없는 것처럼 보이지만 지의류 종에 따라 중금속에 대한 민감도와 중금속을 축적하는 정도가 다르다. 또한 지의류 한 종이 중금속을 얼마만큼 축적할 수 있는지는 환경 내 중금속의 농도와 가용성에 따라 다르다. 미세금속 농축 연구를 위해 설계된 바이오모니터링 연구에서는 대형 지의류를 가장 많이 이용하는데, 특히 수지상지의류가 부피에 비해 면적이 넓어서 많이 쓴다. 수지상지의류는 쉽게 찾을 수 있고 분석도 용이하다. 나무 위에서 자라는 지의류가 바위 위에서 자라는 지의류보다 유용한데, 바위 자체가 지닌 광물질에 오염될 가능성이 있기 때문이다. 지의류를 이용한 모니터링은 전체 지역 또는 국가뿐만 아니라 특정 지역의 미세먼지 배출원을 식별하는 데도 가치가 있다.

지의류 내 중금속 농도를 분석하면 중금속이 어디에서 왔는지, 얼마나 멀리까지 확산되는지, 특히 어떤 특정한 산업 공정과 관련되었는지를 알아낼 수 있다. 예를 들면 바나듐과 니켈 금속은 화력발전소 같은 곳에서 석유를 연소했다는 것을 나타내고, 납은 유연휘발유로 달리는 자동차에서 생성되는 배기가스임을 나타낸다. 고농도로 축적하는 능력 덕분에 지의류는 중금속 오염에 대한 우수한 감시 장치이고, 전통적인 대기 샘플링에 유리한 점이 있다. 유도 결합 플라즈마 반사 분광계 기법(ICPMS)과 전자 프로브 미량분석 기법(EPMA)을 비롯한 몇 가지 분석 기술은 소량의 재료만으로도 분석이 가능하다.

▼ 수지상지의류인 고운분말탱자나무지의(Ramalina farinacea)와 화려한 붉은녹꽃잎지의류(Xanthorion) 군락에 속하는 다른 지의류들이 대기의 질이 개선됨에 따라 영국의 여러 지역으로 유입 중이다. 예전에 아황산가스 오염으로 인해 지의류가 격감했던 지역에서 다양성 '급습'이 일어나고 있다.

원격탐사

북극 생태계는 훼손되기 쉽고 교란과 오염에 취약하다. 지의류의 특성으로 북극의 문제들을 모니터링할 수 있는데, 랜드샛(미국의 지구자원 탐사위성)의 위성 영상과 같은 원격탐사 기법을 활용한다. 사슴지의를 비롯하여 지의성분으로 우스닌산을 함유하고 있는 지의류는 광활한 북극 툰드라의 우점종이다. 우스닌산이 없는 식물과 다

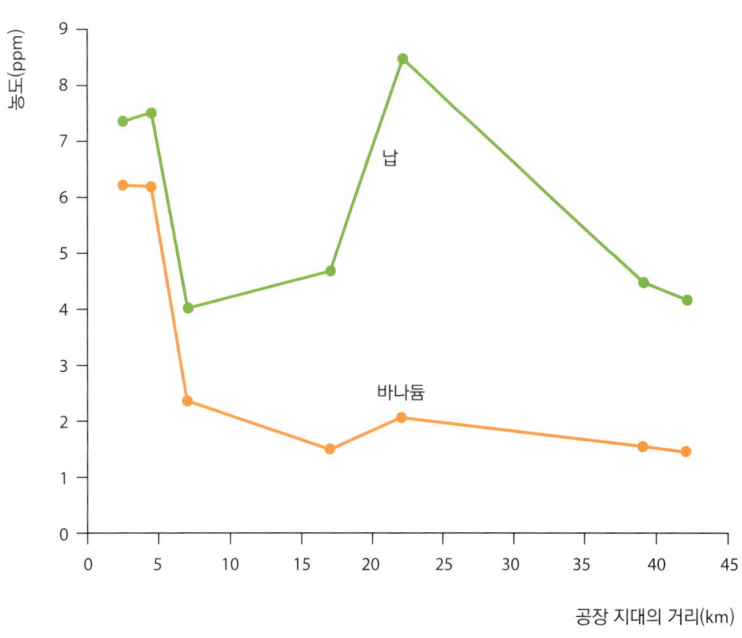

▶ 공장 지대와의 거리에 따른 진두발지의(oak moss, *Evernia prunastri*)에 축적된 바나듐과 납의 농도. 22km 떨어진 곳에서 납 수치가 비정상적으로 높은 것은 도로변 가까운 곳에서 샘플링한 결과이다. _영국 웨일스 펨브룩

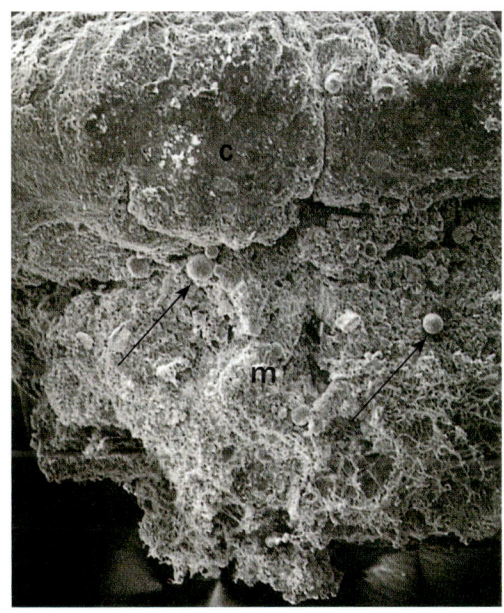

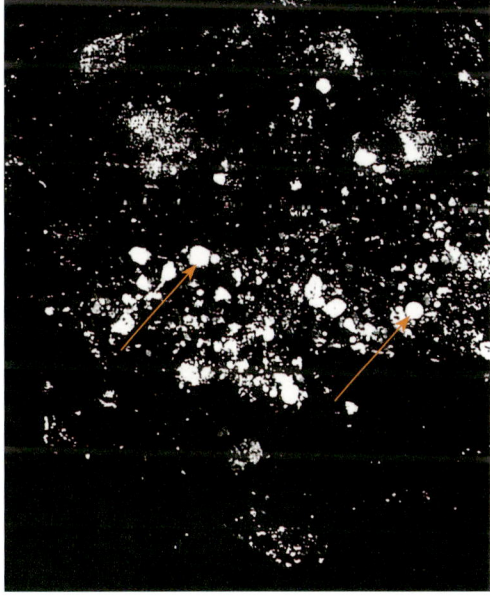

◀ 바위딱지지의(*Acarospora smaragdula*)(왼쪽)를 전자현미경으로 촬영했다. 중금속 입자가 피층 위(c)와 수층 안(m)에 있다. 오른쪽 사진에서 밝은색 부분이 화학적으로 오염된 정도를 분명하게 나타낸다. 가장 작은 입자(미세먼지)는 납을 함유하고 있어 특히 사람에게 해롭다. 화살표는 같은 입자를 가리킨다. 광석 처리 공장 가까운 곳에서 샘플링했다. _루마니아 즐라트나

르게 빛을 흡수하고 전달하기 때문에 광활한 북극과 고산 지의류 벌판의 변화를 지상 약 3만 5,000km에서도 모니터링할 수 있다. 지의류로 덮인 부분의 면적이 30%로 낮아도 원격탐사로 감지할 수 있다.

이 방법의 위력을 보여 주는 한 예가 있다. 러시아 북서부의 콜라 반도에 위치한 니켈 & 사풀위아니온 공장에서 니켈 공정의 생산량이 증가하

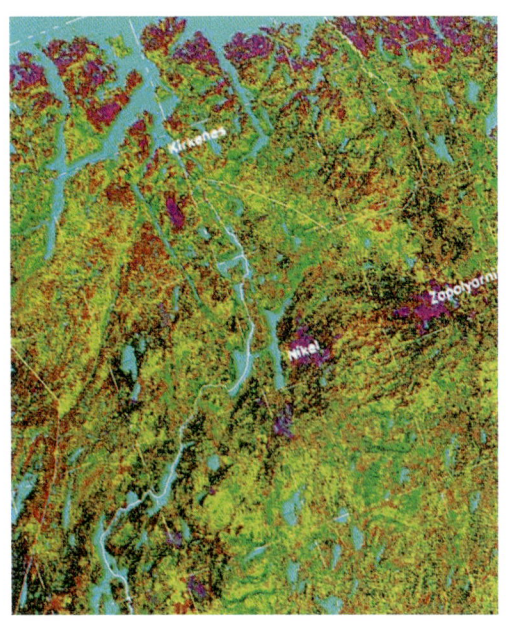

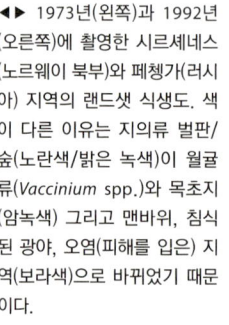

◀▶ 1973년(왼쪽)과 1992년 (오른쪽)에 촬영한 시르셰네스 (노르웨이 북부)와 페첸가(러시아) 지역의 랜드샛 식생도. 색이 다른 이유는 지의류 벌판/숲(노란색/밝은 녹색)이 월귤류(*Vaccinium* spp.)와 목초지(암녹색) 그리고 맨바위, 침식된 광야, 오염(피해를 입은) 지역(보라색)으로 바뀌었기 때문이다.

자 노르웨이 바랑에르 남부(시르셰네스)와 러시아 페첸가 자치주의 식생이 심각하게 훼손된 일이 밝혀졌다. 지의류의 피해가 가장 심했고, 많은 지의류로 덮였던 벌판은 월귤(*Vaccinium myrtillus*)로 대체되거나 황무지로 바뀌었다. 랜드샛 데이터에 의하면 대기오염 피해 면적이 1973년 400km^{2}와 비교하면 1988년에는 5,000km^{2}로 늘어난 것을 확인할 수 있는데, 이 기간에 아황산가스 배출은 20만 7,000톤에서 40만 6,000톤으로 증가했다. 아황산가스의 배출은 1993년 23만 3,000톤으로 감소되었다. 다른 해에 제작된 식생도의 주요 변화 중 하나는 지의류 벌판과 지의류 숲의 범위가 1973년에 약 37%에서 1992년에 10%로 감소되었는데 이후 1994년에는 15%로 증가되었다. 이런 증가는 배출 가스의 감소가 원인일 것이다. 작은 지역인 니켈 & 사풀위아니온 굴뚝에서 배출되는 가스는 막대한 양으로, 노르웨이 전역에서 배출되는 아황산가스 총량의 5~10배와 맞먹는다. 다른 곳, 스칸디나비아 남부에서는 순록을 사육하고 방목하는 방식이 바뀌어서 질소화합물의 농도가 증가한 결과 사슴지의 서식 범위가 축소되고 있다.

숲의 건강

사라지는 투구지의류

분말투구지의는 '나무의 폐(tree lungwort)'로 잘 알려진 지의류로 아프리카, 아시아, 유럽 그리고 북미에 널리 분포하는 종이다. 이 종의 분포 지역은 벌채된 적이 전혀 없어 외부의 간섭을 받지 않은 원시림이 존재하는가에 달려 있다. 이 흥미로운 종은 원시림을 보전하는 데 도움을 주는 깃대종으로 이용되는데, 산림학자와 자연과학자들이 쉽게 알아볼 수 있기 때문이다. 지난 세기 동안 이 종은 서식지에서 많이 사라졌다. 이는 부분적으로 산림 관리의 변화 때문인데, 노목이 간간이 섞인 토착종으로 이루어진 숲이 비토착종까지 포함된 동일한 수령의 조림지로 대체되었기 때문이다.

투구지의류에 속하는 종은 산성비에 녹아 있는 대기오염 물질 또는 알칼리성 수피를 갖는 고목의 감소에 매우 민감하다. 영국 셰필드대학교

◀ 페트라참나무(*Quercus petraea*) 위의 분말투구지의. _영국 스코틀랜드

▶ 분말투구지의는 폐엽과 유사하기 때문에 '나무의 폐'로 잘 알려져 있다.

의 길버트 박사는 산성비의 영향 아래 투구지의류가 북부 잉글랜드의 일부 산성 수피를 갖는 나무에서는 잘 자랄 수 없고 수피의 pH가 높아 완충 능력이 있는 구주물푸레와 같은 나무에 국한하여 자라는 것을 발견하였다. 피터 제임스는 브리튼 섬 전역에 걸쳐 1986년과 1990년 사이에 투구지의류 종들의 변화를 기록하는 국가 프로젝트를 수행했는데 장기간의 대기오염은 생장에 영향을 미치는 요인이며 대기 조건이 개선된 지역에서는 회복된다는 것을 밝혔다. 크리스토프 샤이데거(Christoph Scheidegger) 박사와 그의 연구팀은 스위스, 특히 중부 고원지대에서 지의류 쇠퇴에 관한 연구를 현재 진행 중인데, 이 지의류는 매우 희귀해서 보존을 위한 노력을 기울이지 않으면 멸종될 수 있다. 샤이데거 박사는 분말투구지의의 파편(분아)을 이식하는 방법을 처음으로 시도하였는데, 작은 지의류 파편을 두 장의 작은 거즈 사이에 넣고 이끼가 낀 나무 수피에 스테이플러로 고정시켰다. 그는 처음 소열편이 나오기까지 스위스에서는 12개월이 걸린다는 놀라운 사실을 발견했다. 투구지의류의 또 다른 문제점은 남아 있는 개체군이 아주 적어서 유전적 다양성이 매우 낮다는 점인데 이는 멸종위기에 더 취약하다는 것을 의미한다.

분말투구지의가 모든 곳에서 위협받는 것은 아니다. 대서양 중앙의 목가적이고 동화 같은 섬들은 공기가 깨끗하고 자주 안개로 뒤덮이는데, 이곳에서 분말투구지의는 잡초처럼 자라며 심지어 외래 수종과 검은딸기나무 줄기에도 나타난다.

북미 산림

과학자들과 규제 기관은 생태계에 대한 교란의 영향을 평가하려 할 때 정확하게 측정하려고 한다. 그러나 오염 물질을 정확하게 측정하고 분석하기 위하여 개발된 장비들은 고가여서 대규모 프로젝트에는 엄두도 낼 수 없다. 생물학적 모니터링은 넓은 지역에 대한 오염 물질의 영향을 평가하기에 편리하고 비교적 저렴한 방법이다. '대기질 바이오모니터링 프로그램(Air Quality Biomonitoring Program)'은 세계 최초의 대규모 활동으로, 연방정부와 기관이 대기오염의 영향을 탐지하고 설명하여 숲을 보호할 책무를 다하기 위해 미국 오리건 주 북서부와 워싱턴 주 남서부의 국유림에서 실시되었다. 숲 건강, 안정성과 생물다양성의 지표로서 지의류를 이용하는 이 프로그램은 지의류의 생태 역학에 대한 이해를 향상시키고 있다.

특수 훈련을 받은 현장 요원들은 국가 환경 모니터링과 평가 프로그램(EMAP: National Environmental Monitoring and Assessment Program)/산림 건강 모니터링(FHM: Forest Health Monitoring) 규약을 따르는데 이는 1993년 오리건주립대학교의 브루스 맥쿤(Bruce McCune) 박사가 지의류를 위하여 개발한 것이다. 일반적으로 $5.4km^2$를 격자 단위로 하고 10년 기준으로 모니터링한다. 지의류 데이터를 강우량, 기온, 오염 농도 및 다른 요인과 함께 지리정보시스템(GIS)에 연결된 데이터베이스에 입력한다. 현장 요원들은 모든 지역(매년 여름 전체의 1/4)을 정기적으로 방문하여 조직분석을 위한 지의류와 이끼류를 채집한다. 지역 전체에 걸쳐 약 10종에 대해 27가지

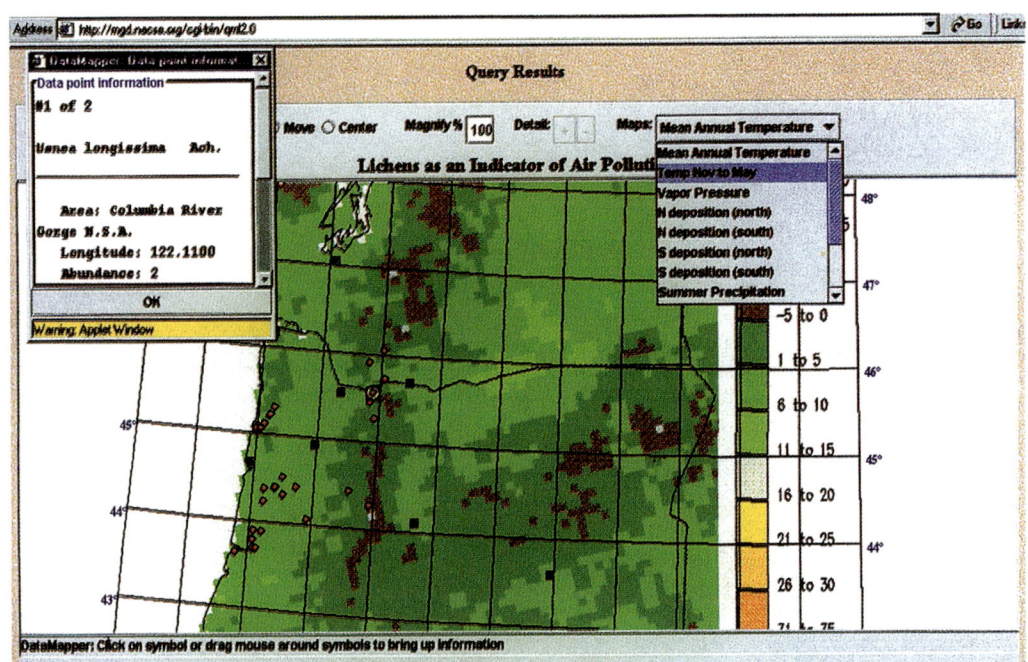

◀ 미국 농무부의 '지의류와 대기의 질' 온라인 데이터베이스를 이용한 태평양 연안 숲의 실송라 조회 화면.

요소의 농도를 측정한다. 그리고 현장조사팀은 각 격자에 있는 나무 위에서 자라는 대형 지의류를 조사하여 얼마나 많은지도 평가한다. 프로그램 조정자는 품질관리를 담당한다. 모든 숲에서 동일한 가이드라인을 사용하므로 서로 다른 숲에 대한 통계 결과를 비교할 수 있으며, 현재 대기의 질과 시간 경과에 따른 변화, 숲 생태계의 변화를 요약한 보고서와 지도를 작성할 수 있다. 오염 물질이나 다른 교란 요인에 의한 악영향과 자연적인 변화를 구별할 수 있어서 특히 중요하다.

누구나 인터넷에서 미국의 태평양 연안 북서부에 대한 국유림 지의류 데이터베이스를 조회할 수 있다. 다른 조건으로 검색이 가능하다. 예를 들면 '서식처(substrate)'로 검색하려고 PICO(로지폴소나무, *Pinus contorta*) 또는 PIPO(폰데로사소나무, *Pinus ponderosa*)를 입력하면, 해당 서식지에서 자라는 종들이 어디에서 나타나는지 알 수 있다. 또한 지의류 종 또는 군락에 대한 특정한 식물(관속식물 군락)과의 관계도 찾을 수 있다. 강우량 또는 기온 데이터가 표시된 기본 지도에 지의류 개체의 분포를 표시할 수도 있다. 이것은 전 세계 다른 곳에서도 개발되고 있는 잠재력이 큰 강력한 도구이다.

누마지리지의류 이야기

북위도 툰드라 지역 남쪽의 해안 침엽수림에는 특유의 지의류 식생이 있다. 노르웨이에서는 독일가문비나무가 대규모 극상림을 이루고, 캐나다 뉴펀들랜드에서는 마리아나가문비나무(*Picea mariana*)가 그 자리를 차지한다. 서늘하고 고습도인 대서양 양쪽 부분의 한대림에 있는 가문비나무류(*Picea*)는 희귀 지의류인 치상누마지리지의(*Erioderma pedicellatum*)의 서식지인데 이 지의류는 인간의 교란에 가장 취약한 종 가운데 하나이다. 노르웨이 중부에서는 거의 사라져 눅눅한 가문비나무 숲에 있는 한 나무에서만 현재 발견된다. 이를 통해, 생물종의 생명 활동과 생태학적 요건을 이해하지 않는 한 법적 보호가 종을 성공적으로 지켜 낼 수 없다는 교훈을 얻을 수 있다. 스웨덴에서는 이 지의류가 법적으로 보호되어 노던배름란드(Northern Värmland)라는 보호지역 한 곳에만 남아 있었다. 애석하게도 부근 숲이 벌채되자 이 지의류도 사라졌고 현재 스웨덴에서는 절멸되었다. 아마도 벌채로 지하수면이 내려가고 그 후 지역의 습도가 낮아진 결과 지의류가 사라진 것으로 보인다.

다행히 치상누마지리지의의 대규모 서식처인 뉴펀들랜드의 상황은 그렇게 절망적이지 않다. 약 4,800개체가 남아 있고, 그중 한 곳은 300개체나 된다. 뉴펀들랜드는 임업의 역사가 길지만 온전하게 유지되고 있는 숲의 면적도 꽤 된다. 1996년 국제지의학회와 세계자연보전연맹(IUCN: International Union for the Conservation of Nature, 현재의 IUCN: The World Conserva-

▼ 치상누마지리지의. 현재 노르웨이 중부에서는 단지 한 나무에서만 발견되는 매우 희귀한 지의류이다.

tion Union)은 지방정부, 궁극적으로 뉴펀들랜드 주지사에게 이 희귀 지의류를 위하여 로키어스(Lockyers) 지역이 얼마나 중요한지 일깨웠고, 피해를 입은 개체군으로부터 벌목지를 우회하도록 하는 데 성공하였다. 약 40만 캐나다달러가 종 보호를 위해 모금되었다. 이 프로젝트에 생물학자로 참가한 지역 주민이자 과학자인 데이비드 예트먼(David Yetman)은 캐나다청소년봉사단(Youth Service Canada)을 통하여 지역 자원봉사자들로 구성된 팀을 이끌며 개체군을 모니터링하고 있다.

◀ 근연종인 가시누마지리지의(*Erioderma wrightii*). 젖은 지의체는 부풀고 생식기 가장자리는 작은 털 같은 것으로 덮여 있다. _파나마 치리키 우림

▲ 자원봉사자가 치상누마지리시의를 모니터링하고 있다. _캐나다 뉴펀들랜드

탐사와 기록

금속탐사

미네랄이 풍부한 지역에는 독특한 식물상이 나타난다는 사실은 로마시대부터 알려져 있었다. 초기 광석광물 탐사는 특정한 지표식물을 찾거나 식물 군락의 차이를 알아내는 것을 기반으로 하였다. 이후 생물지구화학적 탐사 방법이 개발되었는데 식생에 화학적 분석을 활용한다. 탐사지질학자 스티브 체우라(Steve Czehura)는 생물지구화학적 지표로서 지의류의 활용 가치를 처음 인지한 사람 중 하나이다. 미국 캘리포니아 북부의 플루머 구리 산지에 위치한 라이트크릭 지구에서 그는 케스케이드접시지의(*Lecanora cascadensis*)로 색이 입혀진 기반암석에 고농도의 구리가 있음을 밝혔다. 색상은 밝은 것(회분에 약 1%의 구리)부터 어두운 말라카이트 그린(회분에 4% 이상의 구리)까지 다양했고, 각각 50~1,000ppm과 2,000ppm 이상에 해당하는 구리 함량이 기반암석에서 검출되었다.

호금속지의 군락은 광석 지대에 있는 광물의 종류와 농도에 대한 정보를 제공하고, 오늘날 폐석 더미가 땅을 덮고 있는 곳이 과거에 우리의 산업 지대였다는 사실 또한 증명한다. 광상의 존재

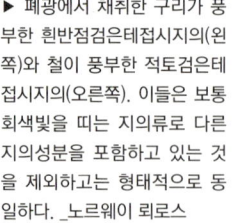

▶ 폐광에서 채취한 구리가 풍부한 흰반점검은테접시지의(왼쪽)와 철이 풍부한 적토검은테접시지의(오른쪽). 이들은 보통 회색빛을 띠는 지의류로 다른 지의성분을 포함하고 있는 것을 제외하고는 형태적으로 동일하다. _노르웨이 뢰로스

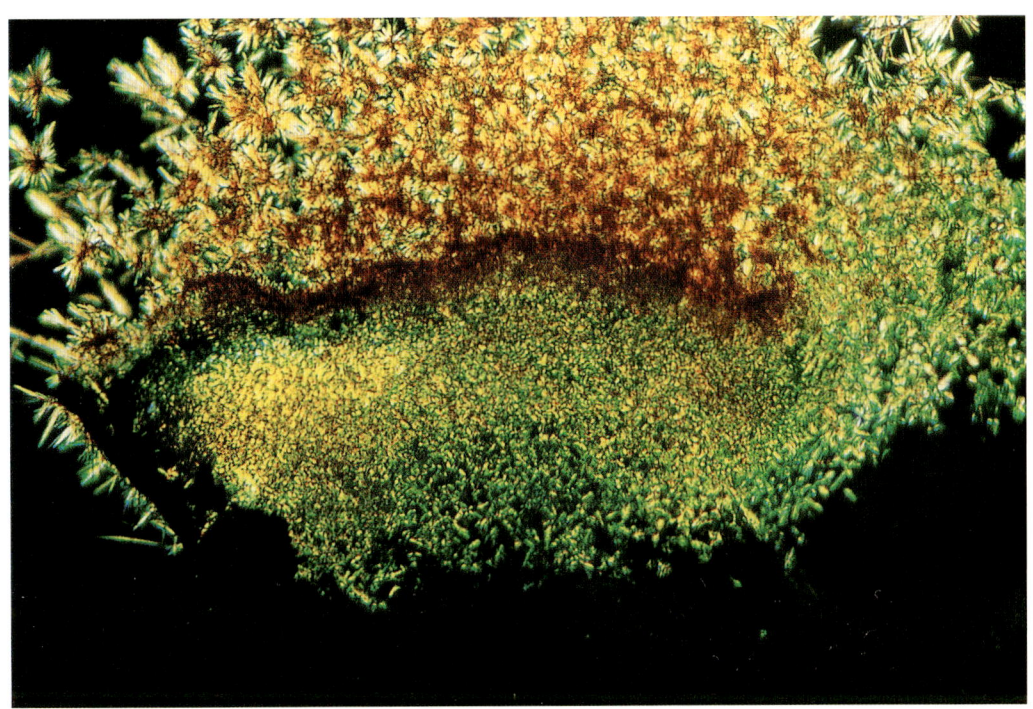

◀ 흰반점검은테접시지의를 수산화칼륨 용액으로 처리하여 현미경으로 본 녹색형의 단면 구조. 바늘 모양의 붉은 결정은 노르스틱트산(norstictic acid)으로 구리가 풍부한 상피층에 존재한다.

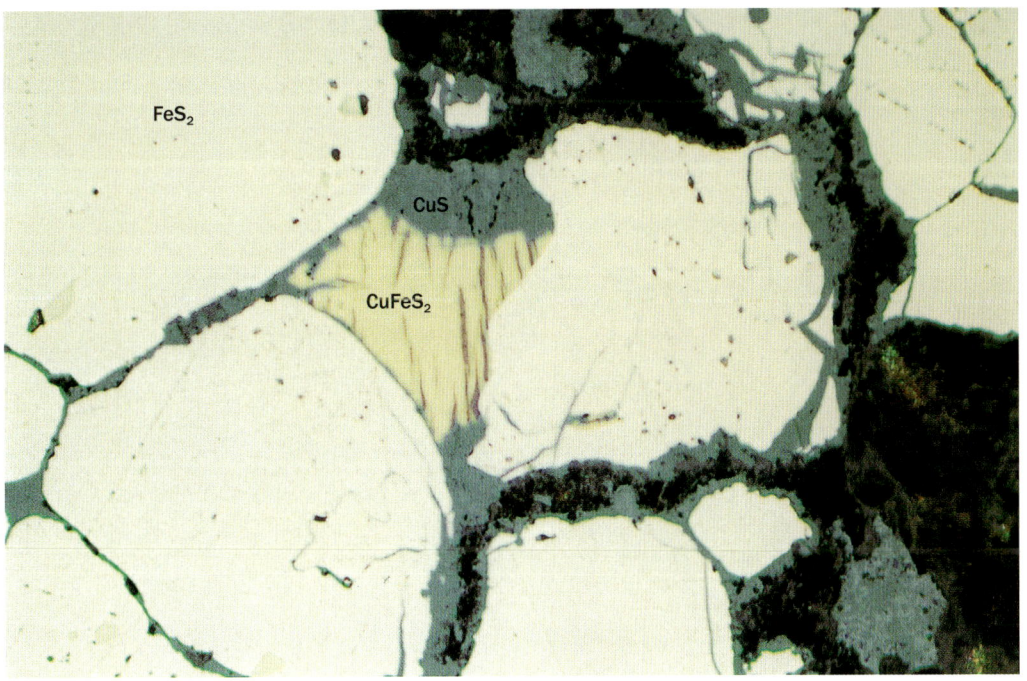

◀ 광석광물을 보여 주는 암석 단면. 구리 광물인 황동석($CuFeS_2$)이 풍화되어 황화구리(CuS)를 형성하며 구리와 철을 방출하고 백석철(FeS_2)은 철을 방출한다. 지의류는 풍화에 의해 방출된 구리와 철을 축적한다.

에 대한 단서는 전 세계에 있는 표본관에 수세기 동안 남아 있다. 녹색검은테접시지의(*Lecidea theiodes*)의 초록 색상의 의미는 1826년 노르웨이의 크리스티안 좀머펠트(Christian Sommerfelt)가 처음 밝혔는데, 노르웨이 북부 살트달렌의 구리광에서 150년 동안 알려지지 않았었다. 현재는 구리가 풍부한 암석 위에 생육하며 널리 분포하는 회색의 흰반점검은테접시지의가 환경에 의해 변화한 것으로 인식되고 있다. 이것은 노르웨이에서 채집한 녹색검은테접시지의에 어떤 성분들이 존재하는가를 분석하기 위하여 X선 전자현미경 분석기(electron probe)를 사용하여 실험하던 중 우연히 발견되었다. 놀랍게도 상층부에 구리가 포함되어 있는 것을 찾아냈는데 이는 정상적인 지의성분이 아니라 구리로 인해 지의류의 색이 나타났음을 의미한다. 어떻게 지의체에 구리가 고정될까? 수산화칼륨으로 처리한 지의류 단면을 전자현미경으로 관찰하면, 구리가 검출되는 동일한 층에 노르스틱트산에 의해 형성된 독특한 붉은색 바늘이 나타난다. 이것은 구리가 노르스틱트산과 반응한다는 의미로 볼 수 있다. 선두적 지의화학자인 호주 캔버라대학교의 잭 엘릭스(Jack Elix) 교수는 이 가설을 실험했다. 다른 종류의 지의류를 분석하여 지의류에 존재하는 산(acid)의 종류에 따라 지의류가 금속화합물을 형성하는지 여부가 결정된다는 사실을 확인했다. 이것은 현장에서도 볼 수 있는데 예로 흰반점검은테접시지의의 초록색형인 녹색검은테접시지의가 적토검은테접시지의(*L. lapicida*) 옆에서 생육하고 있다(90쪽 참조). 이 두 지의류는 포함하는 성분이 다른 것을 제외하고는 거의 동일하다. 흰반점검은테접시지의에 존재하는 노르스틱트산과 적토검은테접시지의에 존재하는 스틱트산(stictic acid)은 하나의 작용기를 제외하고는 화학적 구조가 동일하다. 바로 이 작용기가 화합물의 형성 여부를 결정한다.

유럽에서는 현재 구리가 풍부한 암석에서 자랄 경우 녹황색으로 변하는 지의류가 12종으로 알려져 있다. 이런 암석은 구리 광물을 함유한 황동석($CuFeS_2$)인데 풍화작용으로 구리와 철을 방출한다. 가까이 자라는 지의류는 구리와 철을 축적할 수 있게 된다. 노르스틱트산을 포함하는 지의류는 건조중량으로 약 55%의 구리를 축적한다는 것이 밝혀졌다.

따라서 단순히 광물질 파편이 지의체 안에 들어가서 생기는 것이 아니라 지의류의 종류와 지의성분에 따라 구리가 축적된다는 것이다. 이 연구들은 금속으로 인해 지의류의 겉모습이 신종으로 기록될 만큼 크게 달라질 수 있다는 것을 보여준다. 표본관에 있는 표본을 검색하면 어쩌면 광산을 발견할 수도 있을 것이다!

연대 추정

지의류는 대부분 다른 식물에 비하여 생장이 느리다. 생장은 3차원으로 일어나지만 보통 반경의 증가(엽상지의류와 고착지의류) 또는 길이의 증가(수지상지의류)로 표현하며, 두 경우 모두 연간 밀리미터 단위로 자란다. 예를 들어 고착지의류인 치즈지의는 1년에 0.5mm 자라고 엽상지의류인 노란매화나무지의(*Flavoparmelia caperata*=*Parmelia caperata*)는 5mm 자란다. 캘리포니아의 망상탱자나무지의(*Ramalina menziesii*)는 1년에 9cm씩 자라기도 하지만 이렇게 생장률이 높은 경우는 드물다.

대부분의 경우 생장이 가장 활발한 부분은 지의체의 가장자리에 한정된다. 원형의 지의체는 생장 반경을 측정해 보면 얼마나 오래된 지의류인지 알 수 있고 서식지의 연대도 추정할 수 있다. 지의류를 이용한 라이케노메트리(lichenometry, 연대 추정)는 빙하의 후퇴 시기를 추정하기 위하여 종종 사용되어 왔는데 대부분 바위 표면에서 자라는 고착지의류를 이용한다. 대표적으로 치즈지의가 가장 널리 연구되는 지의류이다. 치즈지의의 생장률은 시기에 따라 달라지는데 지의체가 어릴수록 빨리 자라며, 오래되고 큰 지의체는 훨씬 느리게 자란다.

확실히 모든 연대 추정은 외견상의 잠재 연령으로 제한되는데, 수십 년 또는 수백 년 단위로 나타낸다. 고산지대의 몇몇 지의류가 1,000년 이상 4,500년까지도 생존하고 있다고 계산되었는데 이는 가장 오래된 꽃 피는 식물에 필적하는 수준이다. 지의류 생장은 여러 요소에 의해 영향을 받기 때문에 이런 연구를 설계할 때는 신중해야 한다. 예를 들면 비슷한 서식지에서 자라는 단일 종을 선택하고 데이터의 변이가 통계적으로 유의하도록 반드시 여러 개체를 선택한다. 외견상 알려진 연대와 대조하는 것으로는 라이케노메트리가 가장 유용하다. 지의류가 자라는 교회 묘지는 이상적인 대조 장소인데 이는 비석에 날짜가 새겨져 있기 때문이다.

라이케노메트리가 사용된 예:
- 빙퇴석(모레인)과 빙하 후퇴의 연대 추정
- 중앙아시아에서 일어난 지진의 빈도 추정
- 고대 유물의 제작 시기 추정(예를 들어, 이스터 섬의 유명한 석상이 400년 정도 되었다는 것이 밝혀짐)

▲ 암석 위의 치즈지의. 규산염 암석에서 자라는 잘 알려진 지의류로, 리조카르핀산이라는 색소가 있어서 작은 황록색 섬으로 이루어져 있다. 조류가 없는 검은색 부분에서 생장이 일어난다. _미국 글레이셔 국립공원

경제적 이용

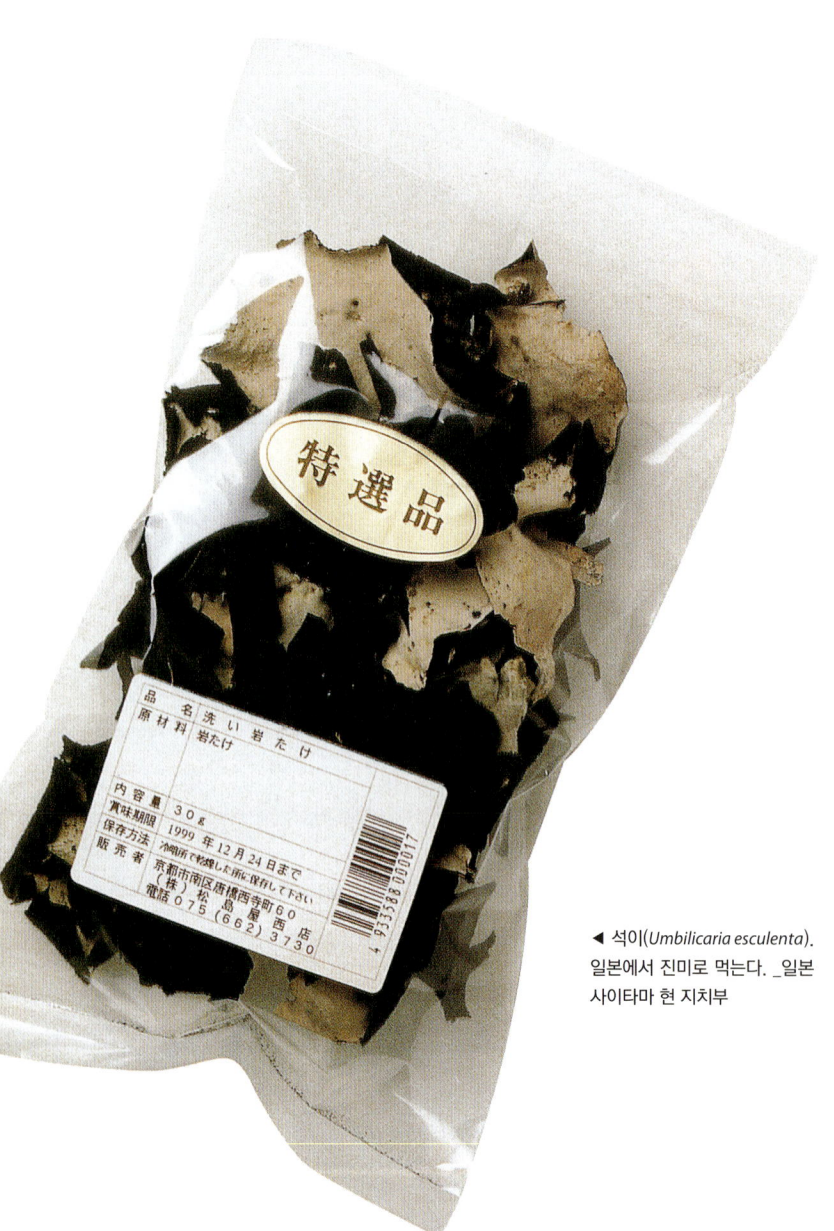

◀ 석이(*Umbilicaria esculenta*). 일본에서 진미로 먹는다. _일본 사이타마 현 지치부

지의류는 전통문화에 스며들어 있는데 중국과 이집트의 고대문명 시기부터 약품으로 이용해 왔다. 또한 인류는 식품과 의복까지 여러 목적으로 지의류를 이용하고 있다. 지의류의 경제적 잠재력을 개발하는 데 주된 제한 요인은 배양 때의 느린 생장 속도이다. 요즘은 야생에서 대량 채취하는 것을 전 세계 많은 곳에서 금지하고 있는데 이는 자연 자원을 보존해야 하기 때문이다. 지의류가 상업적으로 가장 많이 이용되는 것은 향수 산업으로, 연간 몇 천 톤에 달한다고 하지만 현재 신뢰할 만한 데이터를 얻기는 어렵다. 사슴지의류(*Cladonia* subgenus *Cladina*)는 해마다 약 2,000톤에서 3,000톤이 채취되어 크리스마스 장식물과 묘지 화환을 만들거나 건물 모형을 만드는 데 사용된다.

산업계에서는 의약품, 공업용 화학물질 및 생물적 환경정화 처리 등의 원료로 오랫동안 미생물을 이용해 왔다. 생물학적 활성 화합물의 제조 환경에서 분리되는 미생물 검사와 활성분자의 대량생산을 위한 발효 공정은 연매출 약 2,000억 달러의 거대한 산업을 이루고 있다. 그러나 이렇게 활용되고 있는 미생물은 환경에서 존재하는 미생물의 1%도 되지 않는다. 대부분의 미생물은 인공적인 실험 조건하에서 배양하는 것이 어렵거나 불가능하다. 생리활성 화합물을 발견하여 의약품으로 사용할 수 있게 된다면 엄청난 경제적 가치가 발생할 것이다. 비록 인류가 수세기 동안 지의류를 이용해 왔지만, 아스피린과 택솔 같은 약품에 필적할 만큼 상업적 규모로 이용되는 물질은 아직 없다. 원래 아스피린은 버드나무류(*Salix* spp.)에서, 택솔은 태평양주목(*Taxus brevifolia*)에서 유래된 것이다. 높은 화학적 다양성과 최근 유전공학 발달의 측면에서 볼 때 지의류를 상업적으로 이용할 수 있는 잠재력은 확실히 존재하며, 현재 캐나다와 일본, 영국에 있는 연구진들이 새로운 의약품과 농약을 찾기 위한 연구 활동을 진행함으로써 이를 증명하고 있다.

염색

인류가 사용한 지의류 염료 중에서, 일반적으로 오르첼라(orchella) 또는 오르칠(orchil)로 불리는 리트머스지의과(Roccellaceae)에 속하는 해안성 지의류가 역사적으로, 상업적으로 가장 특별한 의미가 있다. 이것들은 구약성서에 언급되어 있고, 철학자인 테오프라스토스와 플리니우스도 특유의 자줏빛 염료를 익히 알고 있었다. 17~18세기 무렵에는 흔히 '잡초'라 불리며 동양의 향신료와 맞먹는 규모의 국제 교역품이 되었다. 150년

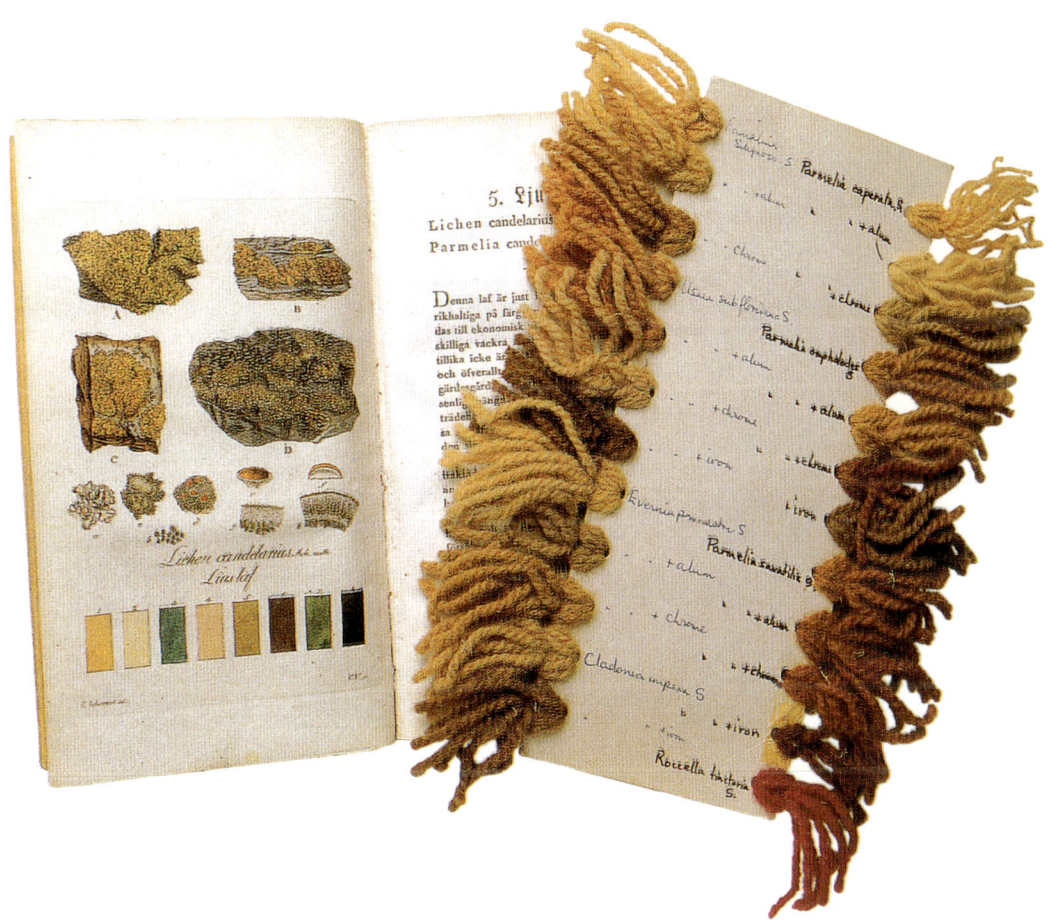

◀ 양초지의(*Polycauliona candelaria*=*Lichen candelarius*, *Xanthoria candelaris*). 스웨덴에서는 양초를 만드는 데 동물성 지방을 착색하는 용도로 사용했다(베스트링(J. P. Westring)의 『스웨덴 지의류 염색의 역사』(1805~1809)). 지의류로 염색한 양모 샘플(오른쪽).

경제적 이용

전 식물학자인 윌리엄 린지(William Lindsay)는 특히 지의류의 상업적 측면에 관심이 많았는데, 당시 런던 시장 시세로 흔히 1톤에 1,000파운드에 팔리고 있던 지의류에 대하여 다음과 같이 제안했다.

만약 선장이 해안 암벽과 척박한 섬을 덮고 있는 이 식물의 가치를 알았다면 약간의 시간과 노동을 투자하여 고향으로 그것들을 가져갔을 것이며, 이런 보잘것없어 보이는 식물이 고액으로 팔려서 결국 자신과 선주에 직접적인 이득이 되고 결과적으로 국가에도 득이 되었을 것이다.

염료 무역을 위한 지의류를 모으는 일은 대규모 가내 공업으로 발전하였는데 스코틀랜드, 스칸디나비아, 카나리 제도의 종종 가파르고 위험한 외딴 지역에서 채취했다. 사람들은 쇠고리와 순가락으로, 또는 가난한 사람들은 조개껍데기로 바위에 붙은 것을 긁어냈다. 오늘의 기준으로 본다 해도 그 작업량은 엄청났다. 1850년대 글래스고에 있는 한 공장은 약 6.9헥타르의 면적에서 매년 254톤의 지의류를 가공했다. 글래스고 교외에서 수집한 사람의 소변을 증류하여 만든 암모니아에 지의류를 담가 두었는데 이를 위해 매일 9,100~1만 3,600리터의 소변이 필요했다. 리트머스지의(*Rocella tinctoria*)라는 지의류는 1960년대까지 영국 헨던과 래들릿의 공장에서 산성-염기성 판별에 쓰이는 리트머스시험지 생산에 이용되었다.

향수, 화장품, 의약품

16세기부터 지의류는 향수와 화장품 산업에서 원료로 쓰여 왔다. 진두발지의와 나무이끼지의가 가장 많이 사용되었는데 '참나무이끼'라는 명칭으로 거래되었다. 프랑스 남부, 모로코, 구 유고슬라비아의 농민들이 주로 채취했고 1980년 한 해에만 8,000~9,000톤에 달했다. 용제로 추출하여 방향유나 '콘크리트'를 생산하는데 사향과 흡사한 향으로, 다른 향의 매염제로도 모두 큰 가

▼ 큰살색사마귀지의(*Ochrolechia tartarea*)는 한때 염료용으로 중요한 지의류였다. 지로포르산(gyrophoric acid)을 포함하고 있는데 이것은 분해되어 오르신(orcin)을 형성한다. 암모니아로 처리하면 오르신은 자주색 염료(오르세인, orcein)가 된다.

경제적 이용

▲ '참나무이끼'로 불리는 진두발지의. 사향과 같은 향과 매염제 역할 때문에 고급 향수의 원료로 쓰인다.

▼ 지의류를 원료로 한 의약품들. 지의류는 포푸리로도 쓰인다.

치가 있다. 또한 지의류는 전 세계 주요 상점에서 구할 수 있는 포푸리로도 사용된다.

'특징설(Doctrine of Signatures)'에 따르면, 조물주는 질병 치료에 적합한 식물을 신체의 부분과 비슷한 모양으로 만들어 표시해 놓았다고 한다. 몇몇 지의류도 『제럴드의 약초(Gerard's Herball)』(1597)를 비롯한 초기 약초 의학서에 소개되어 있다. 폐의 폐엽을 닮은 분말투구지의는 호흡기 장애를 치료하는 데 쓰였고, 실송라는 두피 질환에 효과적이라고 생각했다. 특이하게도 인간의 두개골 위에서 자라는 지의류는 뇌전증의 치료에 아주 유용하다고 믿었다. 이들 약 처방이 성공적이었다는 증거는 많지 않다. 그렇지만 오늘날에도 아직까지 전통 의학, 자연요법과 동종요법의 보조제로 확고하게 따르는 사람들이 있으며 영국의 모든 약국에 있는 표준 약전에도 나와 있다.

몇몇 지의성분, 특히 우스닌산은 항균 작용을 한다고 밝혀졌다. 아마 이런 이유로 과거 뉴질랜드에서 아기 기저귀로 지의류를 사용한 것으로 여겨진다. 오늘날 지의류를 주성분으로 한 크림, 샴푸, 탈취제, 기침약, 정제 등 여러 제품이 판매되고 있다.

영국과 캐나다의 상업적 기업들은 현재 새로운 의약품을 개발하기 위해 지의화된 균류 수백 가지를 검토하고 있다. 균류 공생체를 분리하여 액체 배지에 배양하고, 상업적으로 이용 가능한 대사산물의 원료인지 평가하고 있다. 유전공학 역시 행해지고 있다. 박테리아나 누룩곰팡이류(*Aspergillus* spp.)와 같은 곰팡이 숙주에 지의류의 DNA 조각을 삽입하여 새로운 화학물질을 생

경제적 이용

▶ '아이슬란드이끼'로 불리는 영불지의(*Cetraria islandica*). 이 지의류는 목 캔디, 허브 과자와 허브 차의 주요 성분이다.

산하기도 한다.

몇몇 지의성분은 접촉피부염과 습진, 붉은 반점과 가려움증을 동반한 피부질환 등의 질병을 일으키기도 한다. 산림과 원예 관련 종사자들에게 특히 위험할 수 있다.

생물학적 정화

광재 더미, 쓰레기장, 불법 폐기물, 오염된 토양은 21세기에 대한 악몽 같은 모습을 떠올리게 한다. 사실상 인위적으로 또는 자연적으로(예를 들면 화산활동) 생긴 오염 물질이 떠다니며 지구의 표면 전체가 어느 정도 오염되어 있다. 전 세계의 연구자들은 환경을 정화하기 위한 새롭고 경제적인 방법을 모색하면서 낯선 환경에 살고 있는 미생물을 연구하고 있다. 산업 현장에서 대기로 배출되는 중금속에 대한 지표생물로서 지의류의 가치는 이미 앞에서 언급하였다(90쪽 참조). 실제로 종종 지의류 연구가 발전소에 대한 산업폐기물 허가나 승인을 위한 전제 조건이 되기도 한다.

살아 있거나 죽은 생물량에 의한 금속의 흡수(생물 흡착) 과정은, 오염된 폐수를 방출하기 전에 잠재적으로 유독하거나 유용한 금속을 미리 제거할 수 있어 관심이 증대되고 있는 분야이다. 예를 들어 건조시킨 지의류와 해초를 실리카겔에 넣어 만든 새로운 유형의 흡착제를 이용하여 실험한 결과 구리, 납, 카드뮴, 아연을 섞은 탈염수에서 이들 금속이 거의 100% 제거되었다. 이런 생물량을 이용한 흡착제의 성능은 시판되는 킬레이트 수지에 비해 좋다. 게다가 안정적이고 재사용할 수도 있다. 하지만 지의류는 생장 속도가 느리고 배양이 비교적 까다로우며 상용화할 만큼

▲ 오염된 땅. 아황산가스와 금속이 고농도로 존재하는 곳이라 내성이 강한 지의류만 살 수 있다. 산성을 중화시킬 수 있는 콘크리트에 많다. _루마니아 즐라트나 제련소

▼ 코니스톤 구리광산. 영국의 특별과학대상지(Site of Special Scientific Interest)로 선정된 곳이며, 구리검은테접시지의를 포함하여 다섯 종의 영국 미기록종이 발견되었고, 1981년 발효된 '야생동물 및 전원법'에 의해 보호되고 있다. _영국 잉글랜드 레이크 지방

수확할 수가 없어 이들을 정화 과정에 직접 사용하기는 어려워 보인다. 그러나 최근 생명공학의 발전은 고무적이다. 예를 들면 생장이 느린 종에 있는 경제적으로 유용한 성분은 유전자 이식을 통해 적합한 미생물에서 대량으로 만들어 낼 수 있다.

많은 지의류가 납, 아연, 비소, 구리, 우라늄 광석과 같은 유독성 서식처에서 자라고 있다. 이들 지의류를 활용하면 환경 내 광물과 다른 독성 물질의 안전성 및 먹이사슬에서 독성 물질의 축적 여부를 연구하기 위한 모형 체계를 만들 수 있다. 어떤 경우에는 구리, 망간, 마그네슘, 납, 아연과 같은 독성 금속의 옥살산염이 지의류 내부와 암석 표면에 나타나기도 한다. 이 불용성 물질은 독성 금속을 가두어 지의류가 오염된 지역에서도 서식할 수 있도록 하는 한 가지 방법이 된다. 지의류의 화학적 다양성을 감안하면 다른 메커니즘도 분명히 있을 것이다. 물리학자들이 전통적으로 사용하는 광학현미경에서 거대한 싱크로트론 방사선원(전자가속장치)에 이르기까지 다양한 분석 기술을 이용한 연구가 이루어져야 할 것이다.

◀ 자연적 내성 메커니즘. 몰루이트(옥살산구리) 결정이 주름바위딱지지의(*Acarospora rugulosa*) 수층에 있는 균사를 싸고 있다. 이 표본은 건조중량의 16%에 해당하는 구리를 포함하고 있는데 구리는 대부분 세포 외부에 고정되어 있다.
▶ 구리 광석인 브로칸타이트 위에서 자라는 주름바위딱지지의. _스웨덴 라문드베르게

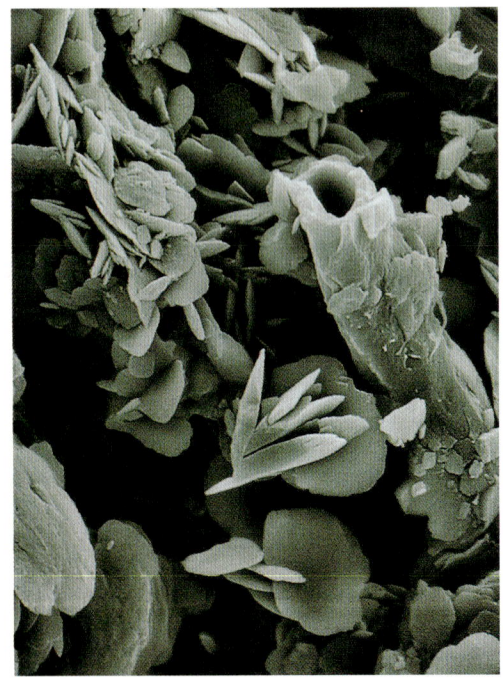

프로젝트 실무

지의류 채집

지의류는 연구하기에 매우 편리한 생물인데 거의 예외 없이 연중 볼 수 있기 때문이다. 낙엽수림에서 지의류를 연구하기 가장 좋은 시기는 낙엽이 진 뒤에 빛이 최적인 때이다. 대부분의 지의류는 매우 느리게 생장하므로 동정에 필요한 만큼만 최소한으로 채집하는 것이 바람직하다.

10배율 확대경은 필수품이고, 잃어버리지 않게 줄에 매달아 목에 거는 것이 좋다. 이외에 넣고 빼기 편한 어깨에 메는 가방, 접이식이 아닌 채집용 칼, 지의성분 확인용 용액 등이 반드시 필요하다. 수피나 나무 위에 있는 지의류는 칼을 이용하여 상처가 나지 않도록 조심스럽게 채집한다. 작은 나뭇가지에 있는 지의류는 전정가위를 이용하여 나뭇가지와 함께 자른다. 바위나 아주 딱딱한 표면에 있는 지의류를 채집할 때에는 망치와 정이 필요하다. 채집한 표본은 화장지로 싸거나 종이봉투에 넣고, 채집 당시의 장소와 서식지에 관한 자세한 정보를 기록한다. 젖은 지의류를 비닐봉지에 넣어두면 금방 망가지므로 비닐봉지는 가급적 사용하지 않는다.

반드시 토지 소유자로부터 사전에 채집 허가를 받도록 하며, 멸종위기종이나 보호종은 채집하지 않는다. 건물, 교회 묘비, 기타 인공 구조물을 훼손하지 않도록 한다. 필요하면 현장에서 면도칼로 생식기를 잘라 슬라이드글라스 위에 직접 올려서 현미경 표본을 만들어 놓을 수 있다.

집이나 숙소로 돌아와서는 표본을 꺼내어 되도록 빨리 건조시키는 일이 중요하다. 건조표본은 관리하기 쉽고 해충에도 매우 강하다. 표본관의 표본은 간혹 살아 있는 것처럼 보이기도 하지만 시간이 지나면 색이 바랜다. 가장 큰 문제는 과도한 대기 습도인데 지의류가 공기로부터 수분을 직접 흡수하기 때문이다. 습한 환경에서는 지의류가 곰팡이의 공격을 받게 되는데 예방 조치를 취하지 않으면 급속도로 상한다. 그러므로 열

▼ 채집도구: 망치와 정(바위에서 자라는 지의류 채집 시 필수), 칼, 채집 봉투, 확대경(10배율, 20배율), 정색반응 시약(K, C), 자외선 손전등(자외선 테스트에 유용).

프로젝트 실무

▲ 표본관 지의류 보관 봉투

▶ 위의 표본을 근접 촬영한 황금잎붉은녹지의(*Teloschistes chrysothalumus*). 일부 지의류 표본은 자연 상태의 것과 거의 동일하게 보이기도 한다.

대지방의 저지대에서는 보관 장소에 에어컨을 작동시키는 것이 매우 중요하다. 지의류는 윗면과 아랫면의 특성이 동정할 때 중요하므로 표본은 보관용 봉투에 넣어 헐겁게 보관한다. 바위와 함께 채집된 표본은 두꺼운 종이 위에 접착제를 이용하여 고정하거나 화장지로 조심스럽게 싸서 표면이 긁히지 않도록 작은 상자에 넣어서 보관한다. 채집에 관한 기록을 자세히 남기는 것이 중요한데, 본인이든 다른 사람이든 언젠가 같은 장소에 가게 될 경우를 대비해서이다. 표본은 수장고에 넣어서 보관하지만 일반인은 신발 상자에 넣어서 보관하면 편리하다.

처음에는 지의류 동정이 어려워 보일 수 있다. 지의류를 배우는 가장 좋은 방법은 학회 또는 기관이 주관하는 과정이나 현장 모임에 참가하는 것이다. 경험이 있으면 야외에서도 여러 종을 동정할 수 있지만, 대개는 지의류를 '압착'해서 현미경으로 포자와 내부 구조를 관찰해야 한다. 표준시약인 K(수산화칼륨), C(표백제), PD(ρ-페닐렌디아민)를 사용한 정색반응 역시 매우 유용하다. 더 자세한 내용은 모든 동정에 관한 교재에 잘 설명되어 있다.

대기오염의 영향평가

지의류의 다양성이 높고 생장률이 양호할 경우 공기의 깨끗함을 알려 주는 지표가 되며 비슷한 환경에서 다양성이 낮고 생장률이 저조하여 지의류에 해를 주는 곳과 비교가 될 수 있다. 모든 모니터링 조사를 할 때는 무엇을 모니터링할 것인지, 영향을 줄 수 있는 다른 요인과 조사 때 그 요인들을 얼마만큼 최소화할 수 있는지를 고려하여 적절한 방법을 선택하는 것이 중요하다. 통계적으로 유의미한 결과를 얻기 위해서는 한 개 이상의 지점에서 다수의 표본을 연구할 필요가 있다. 많은 공업 지대에서 대기의 질이 개선되면서 지의류가 재정착하고 있고, 이런 지표종을 간단하게 표시한 '지의류 분포 규모'와 '도표'는 제한적이지만 가치가 있다. 지의류를 이용하여 대기질의 영향을 모니터링하는 세 가지 기본 방법이 있는데 (a) 분포도 연구, (b) 사진 모니터링, (c) (장비가 있다면) 화학분석이다.

분포도

다음에 나오는 방법은 스위스에서 처음 개발되었고 이후 트리에스테대학교 피에르 루이지 니미스(Pier Luigi Nimis) 교수의 주도로 이탈리아의 여러 지역에 적용되어 성공적으로 사용되었다. 이 모든 시스템은 이탈리아 전역에 걸쳐 대기오염의 영향을 모니터링하기 위한 생물학적 방법의 필수 요소로서 국가 환경보호청에 의해 법률로 정해졌다. 이것은 흥미진진한 프로젝트이고 수백 명의

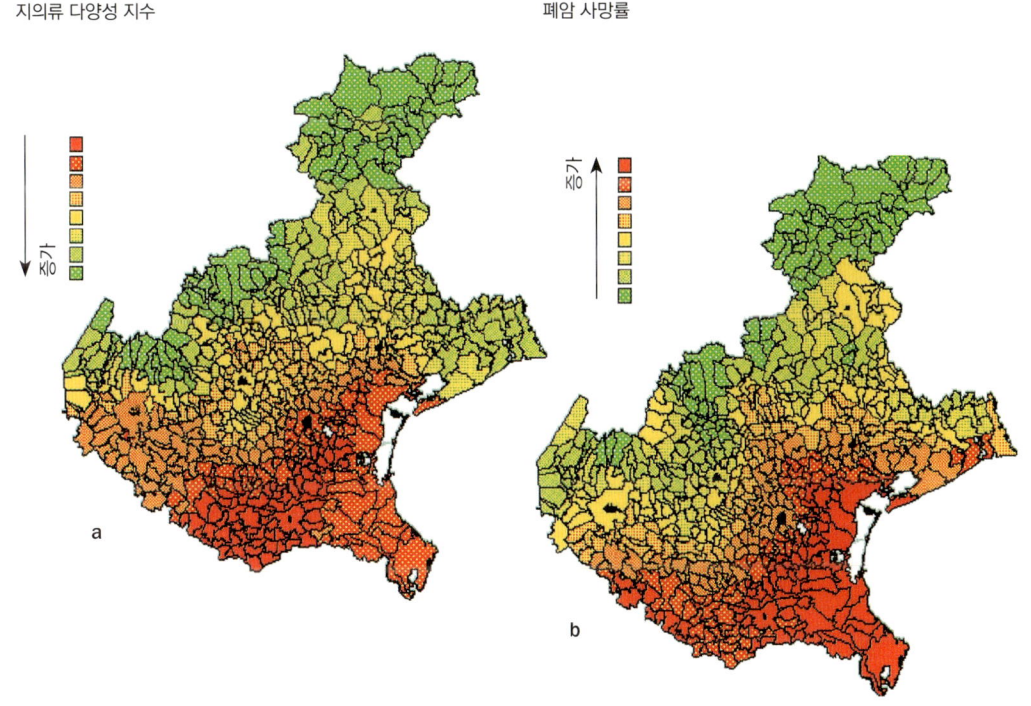

◀ 지의류 다양성 (a) 10단위의 방형구에 기록된 모든 지의류의 출현 빈도를 합산했다. (b) 지역 내 젊은 남성의 폐암 사망률(관찰되거나 예상되는 사례의 100배로 표시). _이탈리아 베네토

사람들이 프로젝트에 참여할 것이다.

연구 수행 시

- 둘레가 70cm 이상 되고 줄기가 곧은 같은 종의 나무 다섯 그루를 선정한다. 기울거나 이끼가 너무 많이 덮인 나무는 피한다.
- 크기가 30×50cm이고 10×15cm의 직사각형 10개로 나뉜 방형구를 사용한다. 수피에서 지의류가 가장 많이 덮여 있고 땅에서 약 1.5m 되는 높이에 방형구를 놓는다. 방향(북, 북동, 북서 등)을 기록하고 매번 비슷한 방향을 선정하여 기록의 일관성을 유지한다. 나무의 음지와 양지에는 다른 군락이 자란다는 사실을 기억해야 한다. 나무 위에서 방형구는 약간 휠 수도 있다.
- 방형구 내의 모든 지의류를 동정하고 빈도를 기록하는데 각 종이 나타나는 소격자의 수에 따라 해당 종에 대해 1~10점 단위로 표시한다. 필요하다면 동정할 때 지역 전문가에게 도움을 구한다.
- 지의류 다양성 지수 계산은 각 나무의 방형구에 나타나는 빈도를 합산하여 5(조사한 나무의 수)로 나누면 지점의 평균을 구할 수 있다.
- 깨끗한 지역에서 오염된 지역으로 이어지는 조사선을 따라 다른 지점에서 같은 과정을 반복하고, 만약 시간적 여유가 있으면 $5km^2$ 조사구에 있는 지점을 조사한다.
- 지도 위에 지의류 다양성 지수를 표시한다. 그리고 가능하면 다른 오염 물질과의 상관관계도 찾아본다.

이탈리아 베네토 지역의 경우 662곳에서 지의류 다양성을 2,425번 측정한 결과 폐암 사망률과 지의류 다양성 간에는 확실하게 직접적인 상관관계는 없다고 결론을 내렸다. 비교적 아황산가스 농도가 낮게 기록된 지역에서는 아황산가스가 암의 원인은 아니라는 것이다. 산업화와 관련된 다른 물질들이 영향을 주고 있을 가능성이 더 높다.

사진 모니터링

사진 모니터링은 매우 재미있고 과학적으로 성과가 있다. 인내력이 있는 사람이면 누구나 할 수 있다. 일련의 사진들을 시간대별로 놓고 변화를 해석한다. 사진 기록은 특정 환경에서 자라고 있는 지의류의 형태와 상태에 대한 정보를 자세히 제공하는데 놀라울 정도로 흥미로운 결과가 나타날 수 있다. 다른 환경 조건에서 지의류가 얼마나 빨리 자라는지, 다른 종과 어떻게 상호작용을 하는지에 대한 우리의 지식은 비교적 적은 편이다. 환경 요인, 예를 들면 수피의 pH, 빛, 강우량, 관리 등을 분석·기록한다면 모니터링이 더욱 잘 이루어질 것이다.

중요한 점은 당신이 모니터링하고 있는 지의류를 정확히 다시 찾을 수 있어야 한다는 것이다. 틀(방형구)을 이용하면 편리하다. 틀은 나무나 녹이 안 스는 가벼운 금속(예를 들면 알루미늄)을 이용하여 만드는데, 35mm 필름에 꽉 차도록 하기 위해 똑같이 1:1.25 비율로 만들면 좋다. 사진을 촬영할 때마다 지의류에 대하여 고정된 위치에 카메라를 놓는데 이는 시차의 문제를 방지하고 시간이 지났을 때 더 쉽게 결과를 비교하기 위해서이다.

모니터링 대상이 되는 지의류 군락의 구성과 지의체의 크기에 따라 다양한 크기의 틀이 사용

▲ 오이 칸자나바니트(Oy Kanjanavanit) 박사가 공원 지킴이에게 지의류 군락을 모니터링하는 방법을 보여 주고 있다. _태국 웨이카캥(Huay Kha Khaeng) 야생생물보호구역

▶ 유연한 플라스틱 틀을 이용하여 불이 나기 쉬운 사바나 숲의 지의류 군락을 모니터링하고 있다. 사진의 색상을 비교하기 위해 코닥 컬러 코드를 사용했다. _태국

된다. 하지만 확실한 것은 가는 가지일 때는 큰 틀이 소용이 없고 큰 지의류를 모니터링하는 데 작은 틀을 사용할 수 없다는 점이다. 컬러 코드, 자, 러그 두 개를 틀에 붙이기도 하는데 이는 각각 색 재현을 테스트하고, 지의체의 생장을 측정하고, 틀을 정확한 위치에 쉽게 고정하기 위해서이다. 지의류가 자라는 환경을 바꿀 수도 있기 때문에 틀을 현장에 남겨 놓지 않는다. 하지만 틀 아랫부분에 달린 러그 두 개에 맞춰 나무에 스테인리스 나사못을 박으면 손쉽게 나무 위에 재설치할 수 있다. 이때 아연으로 도금하거나 구리합금으로 만든 나사못은 유독한 아연과 구리 성분이 침출될 수 있어 사용하면 안 된다. 세 번째 러그를 틀의 윗부분에 놓으면 유용한데 이것은 핀을 사용하여 단지 일시적으로 고정한다.

컴퓨터와 디지털 기기의 발달로 생장 변화를 측정하기 위해 이미지를 간편하게 캡처하고 이미지 처리 프로그램을 이용하여 이미지를 손쉽게 다룰 수 있는 새로운 기회가 열렸다. 나무 역시 자라므로 줄기가 굵어짐에 따라 수피 위에서 생육하는 지의류가 매해 1% 이상 늘어난다는 점을 반드시 기억해야 한다. 이런 종류의 연구 기회는 거의 무궁무진하다. 특정한 종의 생장을 지점에 따라, 그리고 오염 물질이나 다른 환경 변수와의 상관관계로 비교할 수 있다.

카메라가 없을 경우 할 수 있는 아주 간단한 방법이 있다. 투명한 필름을 지의류 위에 놓고 윤곽을 따라 그리고 이 과정을 몇 개월 또는 몇 년에 걸쳐 반복적으로 하는데, 필름 위치가 바뀌지 않도록 영구적인 방향 표시를 해놓는다. 지의체의 윤곽선을 종이에 옮겨 그리고 모양을 따라 자른 뒤 무게를 재면(이때 전자저울을 이용) 지의류 생장의 상대적인 변화를 계산할 수 있다. 이때 반드시 같은 종류의 종이를 사용해야 한다.

화학분석

화학분석을 위한 장비를 갖추고 있다면 지의류를 연구하여 환경에 어떤 금속이 존재하는지, 얼마나 멀리 퍼져 있는지를 밝히는 데 훌륭한 수단이 될 수 있다. 지의류에 영향을 줄 수 있는 오염 물질에 금속이 포함되는데, 이것은 다른 오염 물질(예로 자동차에서 배출된 납)에 대한 특징적인 요소로 작용할 수 있다. 보통 아주 적은 양(약 0.25g)으로도 지의류를 분석할 수 있는데 대형 지의류가 풍부한 곳에서는 문제될 것이 없다. 종이 달라지면 금속을 축적하는 양도 다르기 때문에 반드시 한 종을 채집하여 분석해야 한다. 또 같은 종이라도 개체마다 차이가 있기 때문에 하나 이상의 개체를 채집해야 한다. 비슷한 나이의 표본을 선정하는 것도 중요한데 오래된 부분이 어린 부분보다 금속을 더 많이 함유하고 있기 때문이다. 엽상형인 매화나무지의류의 경우 바깥쪽 가장자리를 채집하는 것이 좋은데 올해 생장한 부분에 해당하고 서식지로부터 쉽게 분리할 수 있다. 표본은 쌍안현미경 하에서 조심스럽게 세척해야 한다. 지의류가 드문 극도로 오염된 환경에서는 지의류 이식이 편리하고 실용적 대안이다. 깨끗한 환경에서 수지상지의류가 붙어 있는 나뭇가지를 가져다 매달거나 작은 망사 주머니(예를 들면 나일론 스타킹)에 지의류 조각을 넣어둔 뒤 이 지의류들이 무엇을 축적하는지 관찰할 수 있다. 마찬가지로 실험에는 같은 종을 이용해야 한다. 지방 또는 국립 표본관에는 아마도 분석에 필요한 여분의 시료가 있을 것이므로 이를 이용하면 이전에 지의류에 축적된 금속 농도의 기준점을 얻을 수 있을 것이다. 일부 역사적 표본은 대체할 수 없고 망가져서도 안 되기 때문에 반드시 허가를 받아야 한다.

전자현미경과 마이크로프로브를 이용하면 작은 지의류 조각에 들어 있는 특정 오염 물질도 조사할 수 있다.

교회 묘지 프로젝트

묘지는 지의류와 지의류 생태를 연구하기에 아주 이상적인 장소이다. 또한 다른 지역에 있는 묘지와 비교할 수 있다면 전반적인 대기의 질을 평가하기에도 유용한 곳이다. 묘지가 중요하고 편리한 이유는 바로 날짜가 기록된 수많은 비석이 있기 때문이다. 따라서 표면에 자리 잡은 모든 지의류의 최고 나이를 쉽게 알 수 있다. 잉글랜드에만 약 2만 개의 묘지가 있고, 각 묘지는 대략 0.2 헥타르의 면적을 차지한다. 1990년 영국지의학회는 톰 체스터(Tom Chester)가 구성한 '교회 묘지 프로젝트'를 시작하여 전 영국의 묘지에 있는 지의류를 기록하고 있다. 연간 주말과정에서는 묘지에 있는 지의류의 동정 방법과 생태를 초

▼ 지의류가 묘비 위의 글자를 강조하고 있는데, 산성의 묘비에서 자라고 있는 이 밝은 노란색의 지의류는 닮은촛농지의 (*Candelariella vitellina*)이다. _ 영국 펨브룩셔

보자들에게 가르쳐 주고 있다. 지금까지 60개 이상 교회 묘지와 두 곳의 성당 경내(솔즈베리와 윈체스터)에서 각각 100종 이상의 지의류가 발견되었다. 비슷한 프로젝트가 독일과 네덜란드에서 시작되고 있다.

교회 묘지에는 연구를 할 수 있는 엄청나게 다양한 서식지가 있다. 묘비의 수직면은 동서남북으로 각각 다른 서식지가 된다. 무덤의 수평면도 있다. 몇 가지 유형의 암석이 발견되는데, 화강암(거칠고 광택이 있음), 대리석, 석회암, 사암, 점판암 등이다. 지의류는 오래된 울타리나 나무에서도 자라고 있다. 간단하면서 매우 유익한 연구의 기회가 사실상 무한하게 있다.

지의류 프로젝트에 대한 아이디어

지의류는 얼마나 빨리 자랄까?

다른 시대에 만들어진 묘비에서 자라는 같은 종의 지의류를 비교하고 생장률을 계산한다. 다음과 같은 것을 하는데 날짜가 기록되어 있는 가능한 한 많은 묘비에서 특정한 종의 지의체의 최대 직경을 측정하고 매번 그래프에 표시하면 된다. 각 묘비에서 여러 개의 지의류 표본을 골라 평균을 내야 한다. 지의체의 윤곽을 그리거나 사진을 찍고 다음 해에도 이 작업을 반복하면 연구를 더 확대할 수 있다. 그러면 그래프를 통해 어느 해의 예측되는 변화와 실제 변화를 비교할 수 있다.

지의류는 어디에서 자랄까?

다른 묘비 위에 자라는 같은 종을 비교하고 서식지의 종류(화강암, 대리석 등등)가 중요한지 평가한다. 특정 지의류 종이 묘비의 특정 면을 선호하는가? 묘비의 연대가 중요한가?

시간 경과에 따라 지의류는 어떻게 변할까?

한 묘지에 있는 같은 종류의 묘비(대리석, 사암, 또는 화강암 등)에서 지의류 군락을 비교한다. 유사한 지의류 군락은 시대가 다른 묘비에 나타나는가? 어떤 다른 요인들이 원인일 것이다. 방형구를 이용하거나 사진을 찍어 시간이 지남에 따라 지의류가 어떻게 변하는지 기록한다.

두 지의류가 만나면 어떤 일이 일어날까?

같은 종의 두 지의류가 만나는 경우를 몇 가지 찾아서 일반적으로 어떤 현상이 나타나는지 알아본다. 여러 가능성이 있는데 (a) 한 지의류가 더 잘 자라서 다른 지의류를 없애 버린다; (b) 둘 다 생장이 멈춘다; 또는 (c) 합쳐서 하나의 지의체처럼 된다. 관찰을 통해 어떤 일이 벌어지는지 알아내려고 노력한다. 다음 해에도 조사를 계속해서 처음에 세운 가설이 옳은지 확인한다. 지의류가 어리거나 오래된 것이 문제가 될까? 특정한 종이 지속적으로 다른 종보다 더 공격적인가, 만약 그렇다면 생장률 또는 다른 요인에 의해 결정될까? 엽상지의류와 고착지의류가 다르게 반응하는가?

오염도 평가

서로 다른 지역에 있는 묘지에서 자라는 지의류를 비교하여 오염도를 조사한다면, 예를 들어 깨끗한 지역에서 오염된 지역으로 이어지는 조사선을 따라 지의류의 종류와 양이 변하는 것을 알아낼 수 있을까? 쉽게 알아볼 수 있는 한 종을 선택하고 모든 묘지에 서식지가 변함없이 존재하는지, 또는 지점 간에 차이가 있는지 알아본다. 변화는 의미 있는가, 그리고 이것은 대기의 질 또는 다른 요인과 관련이 있는가? 연대가 다른 묘비에서 군락 유형에 차이가 있는가? 그렇다면 이유를 설명할 수 있는가? 해당 지역의 오염 관련 데이터를 구해서 조사한 지의류 데이터와 상관관계를 찾아본다.

어떤 금속에 내성이 있는 지의류 종이 있는가?

모든 묘지에는 금속이 존재한다. 납 조각은 묘비에 글씨를 새기기 위해 사용되고, 구리 명판을 묘석에 끼우기도 한다. 스테인드글라스 창은 판유리와 창문 사이에 납이 들어 있고 구리와 철로 만들어진 안전 창살로 종종 보호되고 있다. 구리 피뢰침도 많이 있다. 특히 모르타르가 있는 곳은 청록색의 2차 구리화합물이 붙어 있어서 구리가 있는지 알 수 있다. 금속에 내성이 있는 지의류는 납, 구리, 철과 같은 특정 금속이 많이 녹아 나온 곳에만 한정되어 존재하는가? 만약 지의성분을 화학적으로 분석할 수 있는 장비가 있다면 금속이 어디에 있는지 확인하고 금속이 어떻게 지의류에 고정되어 있는지 알아본다. 전자현미경과 광학현미경 같은 기본적인 기술로도 멋진 연구 기회가 생길 것이다.

용어설명

가근(rhizines) 지의류를 서식처에 부착시키는 기관으로 균사의 변형임

공생(symbiosis) 각기 다른 생명체가 서로 영향을 주고 받는 관계로 이득을 얻기도, 얻지 않기도 함

공생체(symbiont) 공생생활을 하는 각각의 생명체를 말함

광합성(photosynthesis) 초록 식물이 엽록소 내에서 빛에너지를 이용하여 탄수화물을 합성하는 과정

광합성자(photobiont) 지의류에서 광합성을 담당하는 녹조류 또는 시아노박테리아를 말함

광형태(photomorphs) 지의류에서 균류는 같은데 광합성자가 한쪽은 녹조류를, 다른 한쪽은 시아노박테리아를 갖고 있어 다른 종처럼 보이는 쌍둥이 지의류를 일컬음

균근(mycorrhiza) 고등식물의 뿌리와 균류가 긴밀하게 결합된 구조

균사(hypha/hyphae) 균류의 균사

균사체(mycelium/mycelia) 균사가 뭉쳐서 덩어리로 있는 것

나자기(apothecium/apothecia) 컵 또는 접시 모양의 생식기

다계통(적인)(polyphyletic) 조상이 둘 또는 그 이상에서 유래된 것. 지의균류가 공통된 조상을 공유하지 않고 적어도 네 개의 다른 곳에서 진화됨

담자균강(Basidiomycete) 일반적으로 버섯이 포함되는 분류군

담자기(basidium/basidia) 담자균류에 있는 곤봉 모양의 특수 세포로 끝부분에서 포자를 생성함

대형 지의류(macrolichen) 크기가 크고, 잎 모양, 관목 모양, 수염 모양 등인 지의류

두상체(cephalodium/ceophalodia) 사마귀 모양의 주머니 모양으로 지의류 본체가 갖고 있는 조류와 다른 조류를 갖고 있는데 일반적으로 시아노박테리아를 갖고 있음(예: 손톱지의류, *Peligera*; 나무지의류, *Stereocaulon*)

라드(rad) 방사선(감마선, 엑스레이 등)으로부터 흡수되는 에너지의 양을 측정하는 단위

물리적 잡종(mechanical hybrid) 지의류 균사가 개체가 다른 지의류에 들어가 자라서 두 개의 지의류가 한 개체로 나타나는 현상

박층크로마토그래피(Thin Layer Chromatography, TLC) 지의성분을 알아볼 때 쓰는 방법으로 각각의 성분의 전개속도가 다른 것을 이용함

배점(cyphellium/cyphellae) 하피층이 파괴되어 수층이 노출되는 곳으로 컵 모양의 원형으로 보임(예: 갑옷지의류(*Sticta*))

베크렐(Becquerel, Bq) 1초 동안에 1개의 방사성 핵이 붕괴하여 방출하는 방사능 양을 1bq이라고 함

분(생)자(conidium/conidia) 무성 포자로 웅성에 해당됨

분아, 가루싹(soredium/soredia) 무성생식기관의 하나로 균사와 조류를 갖는 분말 형태의 기관

분아괴(soralium/soralia) 분아가 있는 지의체의 장소나 구조

뿌리혹(actinorrhiza) 고등식물의 뿌리와 박테리아가 긴밀하게 결합된 구조

생식기(fruiting bodies) 포자를 만드는 곳

수정모(tricogyne) 균류에서 유성생식을 할 경우 웅성에 해당되는 세포(conidia)를 받아들이는 자성 균사

수층(medulla) 지의류 내부에서 균사로 헐겁게 존재하는 부분

시아노박테리아(cyanobacterium/cyanobacteria) 남조류라고도 부름

쌍둥이 종(species pair) 같은 종으로 한쪽 종은 생식기관이 있고, 다른 종은 영양생식을 하는 것

열아, 갈래싹(isidium/isidia) 일종의 무성생식기관으로 지의체 표면에 산호형, 원통형의 작은 돌기로 보이는 기관이고 균사와 조류를 갖고 있으며 피층으로 둘러싸여 있음

위배점(pseudocyphellum/pseudocyphellae) 피층이 갈라져 수층이 표면으로 노출된 기관. 원형, 선형 등 모양은 불규칙적임. 지의체의 가스교환을 담당한다고 봄

자낭(ascus/asci) 자낭포자를 갖고 있는 주머니

자낭균강(Ascomycete) 자낭포자를 형성하는 균류의 분류군

자낭포자(ascospores) 자낭균에서 생성하는 포자

재결정법(microcrystalization test) 아세톤으로 추출한 지의성분을 특정 시약으로 재결정을 일으켜 지의성분을 알아내는 방법

종속영양(heterotrophy) 다른 생물이 이미 만들어 놓은 물질에 의존하는 영양 방식

지의성분(lichen substance) 지의류가 만들어 내는 화학성분으로 지의류 고유의 물질이 많음

지의체(lichen thallus/lichen thalli) 지의류의 몸체로 균류와 광합성 공생체가 존재함

지의화(lichenization) 균류가 적당한 조류를 만나서 지의류로 되는 것

타감작용(allelopath) 지의류(또는 식물)에서 화학적으로 방출된 물질이 다른 지의류나 식물의 성장을 억제하거나 경쟁을 감소시키는 것

포자(spores) 유성생식을 할 때 포자낭에서 만들어짐

포자혼(mazaedium/mazaedia) 일반적으로 검은색으로 포자낭 등이 없이 포자가 덩어리져 있음

피자기(perithecium/perithecia) 플라스크 모양의 생식기로 윗부분에 나 있는 작은 구멍(ostiole)을 통하여 포자가 산포됨

피층(cortex) 빽빽한 균류 세포로 이루어져 외부로부터 지의체를 보호하는 층(상하가 있음)

호질소(성)(nitrophilous) 질소가 풍부한 서식지를 선호하는

호흡(respiration) 영양분을 분해하여 에너지를 얻는 것

화학분류(chemosystematics) 화학물질을 이용하여 생물을 분류하는 것

흡기(haustorium/haustoria) 특수한 균사로 조류 세포를 싸거나 침범하여 당류를 균류로 옮기는 기능을 하는 기관

찾아보기

ㄱ

가루마디풍선지의 26, 54
가루유사오랑캐꽃말지의 47
가루주머니꽃잎지의 61~62
가루지의류 24
가시끈지의류 60
가시누마지리지의 89
가지검은문자지의 44
갑옷미늘지의 46
갑옷지의류(속) 15, 20, 62, 80
검은남극나무지의 72
검은띠구멍지의 67
경제적 이용 94~100
고사리갑옷지의 15
고운분말탱자나무지의 82
곤드와나대륙 62
공생체 8, 11, 13
광합성 7, 9, 27~28, 33, 74~75, 77, 80
광합성자 7, 9~10, 12, 15, 18~19, 23~24, 27~28, 30, 49, 80, 82
광형태 15, 17
구리검은테접시지의 56
구멍검은점지의 67
구멍지의류 67
구슬말류(속) 12~13, 19, 62
규산질 55
균사 19, 25, 48~49, 53~54
금테지의류(속) 15, 20, 62, 78
기생거북등딱지지의 12
김지의류 12, 19

깃꼴기호지의 44
깊은산사슴지의 41
깔때기지의 43
껍질데이지지의 29
꼬마국화잎지의 40
끈적금테지의 61~62
끝선명접시지의류 55

ㄴ

나무껍질지의 58
나무이끼지의 81, 96
나무지의류 7, 51
나뭇가지지의류 15
나자기 21
노란매화나무지의 18, 92
노란주황단추지의 46~47
녹색갑옷미늘지의 22
녹색검은테접시지의 92
누룩곰팡이류 97
누마지리지의류 87
눈썹솜털지의 63
늑대지의 33

ㄷ

다공성암석균 74~75
다윈 73
닮은촛농지의 107
닮은촛농지의류 30
담자지의류 36~37
대기오염 79, 81, 84~86, 103

동정 20, 24, 33, 38, 49, 102, 104
두상체 15, 29, 61~62
뒷손톱지의류(속) 15, 62
들주발버섯 10
떠돌이지의류 77

ㄹ

라이엘검은문자지의 44
로젯트찰흙지의 8
리트머스지의 96
리트머스지의과 95
리트머스지의속 75

ㅁ

마디풍선지의 26
만나 77
망상탱자나무지의 92
망상화석지의 48, 62
매화나무지의류(넓은 의미) 38~40, 55, 106
묘지 35, 47, 64, 66, 93, 107~109
무성생식 23~26, 41, 63, 71, 81
문자지의류 44~45
물별주황석류지의 23
므두셀라 수염 58
미세먼지 82

ㅂ

바위딱지지의 83
바위딱지지의속 56~57, 75
바이오모니터링 78~89
밝은가루노란지의 46~47
밝은오렌지주황단추지의 56~57
방사선 69
배설물 29~30, 72, 77
배양 8, 11~12, 30, 94, 97, 100
배점 20
백색가루지네지의 30~31
봄더듬이버섯 37
북극오목지의 30
분류 10, 20, 33, 39, 49~50
분말가루노란지의 35
분말당초무늬지의 33
분말투구지의 58, 85~86
분아 23, 25
분아괴 23
분자 22
붉은깔때기지의 41
붉은녹꽃잎지의류 7, 33~34, 55, 67, 81~82
붉은녹지의류 74~75, 100
붉은배쑥뜸지의 71
붉은수포진지의 46
뿔사슴지의 42, 68

ㅅ

사슴지의류 5, 10, 39~42, 49, 92

사진 모니터링 104~106
산성비 81, 86
산옆호리병지의 45
산호지의류 37~38
산호지의류(속) 37~38
살색주황단추지의 58
생리 26~28
생물다양성 37, 86
생물학적 정화 99, 100
생태적 역할 51~57
생활사 25
서리지의 24, 71
석이 94
석이지의류 69
손톱지의속 15
송라류 7, 19, 60, 72, 81
수명 21
수염지의 52
수층 18~19, 83
순록 52, 68, 69, 85
숯검정혹지의속 75
스모그 79
습도 26, 75, 77, 88, 101
시아노박테리아 7~9, 12~16, 19, 27~29, 37, 48~51, 62, 71, 75, 80, 82
실송라 58, 60, 87
쌍둥이 종 25

ㅇ

아메리칸석이 69
아소르스후벽포자지의 47
아카리우스 50
암상유사주황암호지의 64
얇은탱자나무지의 27, 75
얇은핀지의속 38
양초지의 95
연녹주황접시지의 30, 46~47
연대 추정 92~93
열아 24
염색 95~96
엽상성지의류 62~63
영국병정사슴지의 41
영국쌍분지지의 39
영불지의 98
영양 28~30, 62
영양생식 23~24, 40
옅은노랑차륜지의 40
오랑캐꽃말류(속) 12~13, 45, 62
오르첼라 93
오르칠 93
오목지의류 55
오존 72~73
옥살산칼슘 28, 30, 31, 54
원격탐사 83~84
원추접시의 80~81
위배점 20
유럽붉은녹꽃잎지의 11, 20~22, 25, 29, 30, 33, 58
유럽접시의 69
유사김지의 19
유사말총철사나무지의 68
유사오랑캐꽃말지의류 8, 47
유성생식 9, 12, 21, 23, 26, 63
의약품 94~97
이식 86, 106
이종교배 23

ㅈ

자낭 21~22, 36, 39, 46
자외선 33, 41, 69~70, 72~74
자외선차단제 73
작은담요지의 37
잿빛김지의 12
적토검은테접시지의 90, 92
적토바위딱지의 56
접시지의목 49
접합송라 52, 80
정색반응 33~34
조류 7~12, 15, 19, 21~23, 36~37, 45, 48, 75
주름바위딱지지의 100
주름탱자나무지의 58
주머니지의류 7
주홍붉은녹꽃잎지의 69~70
주황단추지의류 46, 55, 67
주황얇은핀지의 38~39
중금속 39, 79, 82~83, 99
지구온난화 51
지네지의류(속) 25, 33~34
지의성분 30~34, 51, 54, 80, 83, 90, 92, 97, 99
지표종 58, 103
진두발지의 83, 96~97
진화 48~49

질소 9, 30, 51, 62, 77, 80~81, 84

ㅊ

참나무이끼 96
채집 101~102
철사나무지의류 60, 72, 81
치상누마지리지의 88~89
치즈지의 55, 92~93

ㅋ

카나리아갑옷지의 14~17
케스케이드접시지의 90
큰살색사마귀지의 96
큰씨갑옷미늘지의 45
큰오목지의류 7

ㅌ

타바레별지의 47
땅자나무지의류(속) 67, 75
투구지의류(속) 15, 80, 85~86
트레복시아류(속) 12, 47, 75
특징설 97

ㅍ

평평한손톱지의 58
포도원접시지의 66
포자 11, 21~23, 36, 38, 45, 48, 50

찾아보기

포자혼 38
표본 101~102
표본관 80, 92
풍선송라 19, 58
풍화 53~56, 75
피막이솔밭버섯 36
피자기 21~22, 45
피자지의류 45, 67
피층 18~20, 83, 91
핀지의류 37~38

ㅎ

함몰구멍지의 45
향수 94, 96~97
헬멧지네지의 58
호리병지의류 78
화학분석 33, 106~107
흑색반노란송라 72~73
흰반점검은테접시지의 54, 90~92
흰잿빛김지의 58

A

Acarospora 56
Acarospora rugulosa 100
Acarospora sinopica 56
Acarospora smaragdula 83
Alectoria 60
Aleuria aurantia 10
apothecia 21
Arctoparmelia centrifuga 40
Arthonia tavaresii 47
Aspergillus 97
Aspicilia 55
Aspicilia mashiginensis 30

B

Bagliettoa baldensis 45
Bryoria 60
Bryoria fremontii 52
Bryoria pseudofuscescens 68
Buellia 75
Byssoloma discordans 63

C

Calicium 37
Caloplca 46
Caloplca cf. *ignea* 56
Caloplca lavescens 46
Caloplca luteoalba 58
Candelariella 30
Candelariella vitellina 107

cephalodia 15
Cetraria islandica 98
Chaenotheca 38
Chaenotheca ferruginea 38
Circinaria esculenta 77
Cladina 94
Cladonia 5
Cladonia chlorophaea 43
Cladonia cristatella 41
Cladonia deformis 41
Cladonia rangiferina 42
Cladonia stellaris 41
Coenogonium 8
Coenogonium leprieurii 47
Collema 12
Collema auriforme 19
conidia 22
Cryptothecia rubrocincta 46
cyphellae 20

D

Dendriscocaulon 15
Dictyonema glabratum 37
Diploschistes muscorum 12
Dirina massiliensis 26
Dirina massiliensis f. *sorediata* 26
DNA 17, 26, 38, 49, 99

E

Erioderma pedicellatum 88

Erioderma wrightii 89
Evernia prunastri 83

F

Flavoparmelia caperata 18

H

Heppia adglutinata 8
Herpothallon rubrocinctum 46
Himantormia lugubris 72
hyphae 19
Hypogymnia 7
Hypotrachyna britannica 39

I

isidia 24

L

Lecanactis abietina 58
Lecanactis hemisphaerica 64
Lecanora alpigena 69
Lecanora cascadensis 90
Lecanora conizaeoides 80
Lecanora esculenta 77
Lecanora muralis 30
Lecanora polytropa 69
Lecanora vinetorum 66
Lecanorales 49
Lecidea inops 56

Lecidea lactea 54
Lecidea lapicida 92
Lecidea theiodes 92
Lepraria 24
Leptogium 12
Leptogium cochleatum 58
Letharia vulpina 33
Lichen candelarius 95
lichen substance 30
lichen thallus 8
lichenometry 93
Lobaria 15
Lobaria pulmonaria 58
Loxospora elatina 23

M

mazaedium 38
Multiclavula vernalis 37

N

Nephroma 15
Neuropogon 73
Nostoc 12

O

Ochrolechia tartarea 96
Omphalina umbellifera 36
Opegrapha filicina 44

P

Pannaria durietzii 61
Paralecanographa grumulosa 64
Parmelia 39
Parmelia caperata 92
Parmelia sulcata 33
Parmenraria chinensis 45
Peltigera 15
Peltigera horizontalis 58
perithecia 21
Phaeographis dendritica 44
Phaeographis lyellii 44
photomorph 15
Physcia 25
Physcia adscendens 58
Physcia aipolia 30
Placopsis lambii 29
Polycauliona candelaria 95
Porpidia 55
Pseudevernia furfuracea 81
pseudocyphellae 20
Pseudocyphellaria 15
Psilolechia glabra 62
Psilolechia leprosa 35
Psilolechia lucida 46
Psoroma durietzii 61
Pyrenocollema halodytes 67
Pyrenula 46
Pyrenula macrospora 45

R

Ramalina 67
Ramalina farinacea 82
Ramalina fraxinea 58
Ramalina maciformis 27
Ramalina menziesii 92
Rhizocarpon geographicum 55
Roccella 75
Roccellaceae 95
Rocella tinctoria 96

S

Solorina crocea 71
soralium 23
soredia 23
Sphaerophorus 38
spot-test reaction 33
Staurothele 23
Stereocaulon 7
Sticta 15
Sticta canariensis 15
Sticta filix 15

T

Teloschistes 74
Thamnolia vermicularis 24
Thelomma 7
Topeliopsis azorica 47
Trebouxia 12
Trentepohlia 12

U

Umbilicaria 69
Umbilicaria esculenta 94
Umbilicaria virginis 69
Usnea 7
Usnea articulata 52
Usnea aurantiaco-atra 73
Usnea inflata 19
Usnea longissima 58

V

Verrucaria 67
Verrucaria baldensis 45
Verrucaria maura 67

W

Winfrenatia reticulata 48

X

Xanthoparmelia mougeotii 40
Xanthoria 7
Xanthoria candelaris 95
Xanthoria elegans 69
Xanthoria parietina 11
Xanthorion 82

참고자료

Die Flechten Baden-Württembergs, V. Wirth, Eugen Ulmer, Stuttgart, 1955.
(약 1,000종의 동정에 필요한 555장의 훌륭한 컬러사진, 지도, 특징)

Lichen Biology, T.H. Nash (ed.). Cambridge University Press, Cambridge, 1996.
(상급 수준의 학생을 위한 지의생물학 교과서)

The Lichen Flora of Great Britain and Ireland, O.W. Purvis, B.J. Coppins, D.L. Hawksworth, P.W. James & D.M. Moore. The Natural History Museum & British Lichen Society, London, 1992.
(전 세계 지의학자들에게 꼭 필요한, 고착지의류와 대형 지의류에 대한 자세한 설명)

Lichens. An Illustrated Guide to the British and Irish Species, F.S. Dobson. Richmond Publishing, 2000.
(영국에 있는 지의류 약 450분류군을 2,000여 장의 컬러사진, 지도, 라인드로잉과 함께 소개한 일반인을 위한 도감)

Lichens, O.L. Gilbert. The New Naturalist, Harper Collins, London, 2000.
(영국 지의류의 생태학을 그림과 함께 설명한 책)

Lichens of North America, I.M. Brodo, S.D. Sharnoff & S. Sharnoff. Yale University Press, in press.
(미국과 캐나다 지의류 800종의 멋진 사진 922장, 기타 700종의 특징과 설명, 그리고 지의생물학과 환경 모니터링 등에 관해 소개하는 일반인을 위한 도감)

Lichens of rainforest in Tasmania and south-eastern Australia, G. Kantvilas & S.J. Jarman. Flora of Australia Supplementary Series 9. The Australian Biological Resources Study, Canberra. Australia, 1999.
(200여 장의 멋진 컬러사진)

Macrolichens of the Pacific Northwest, B. McCune & L. Geiser. Oregon State University Press/ U.S.D.A. Forest Service, Corvallis, 1997.
(약 500종의 특징, 210종의 설명과 그림(컬러사진 포함), 지의류와 대기질 등에 관한 정보)

Pollution Monitoring with Lichens, D.H.S. Richardson. Naturalists' Handbooks, 19, Richmond Publishing, Slough, 1992.
(기본개론서)

British Lichen Society
http://www.argonet.co.uk/users/jmgray/
(영국지의류학회에 관한 정보, 영국 지의류 목록 및 동종이명 등)

Environmental Surveillance from Satellites
http://www.itek.norut.no/itek/sat/projects/sur_sat.fm.html
(대기의 질에 영향 받는 지의류 군락에 대한 인공위성 감시)

International Association for Lichenology
http://www.botany.hawaii.edu/lichen/
(전 세계 지의학자들의 연락처 제공)

Lichen Database of Italy
http://biobase.kfunigraz.ac.at/flechte/owa/askitalflo
(애호가들이 생태적 변수를 검색할 수 있는 선구적인 데이터베이스)

Lichen Information system
http://www.sbg.ac.at/pfl/projects/lichen/index.htm
(흥미로운 지의류 사이트 링크 제공)

List server for all lichenologists: listproc@hawaii.edu.
To sign up: subscribe lichens-1 then give First name, Last name.
To mail a message to the lichen list members:
lichens-l@hawaii.edu

The Natural History Museum
http://www.nhm.ac.uk/
(지의학, 과학, 교육 등에 관한 정보)

Search recent literature on Lichens
http://www.toyen.uio.no/botanisk/bot-mus/lav/sok_rll.htm
(키워드, 저자, 저널 등을 검색할 수 있는 유용한 데이터베이스)

USDA Forest PNW Lichens and Air Quality
http://www.fs.fed.us/r6/aq/lichen/
(태평양 연안 북서부의 국유림에 대한 GIS 데이터베이스를 온라인으로 검색)

* 웹사이트 주소는 변경될 수 있음

감사의 글

'산호지의류와 핀지의류' 그리고 '진화, 분류, 명명법' 부분의 원고 작성에 도움을 준 매츠 베딘(스웨덴 우메오대학교), '미국 대기질 바이오모니터링 프로그램'에 관한 정보를 준 린다 가이저(미국 농무성 산하 산림청, 사이유슬로 국유림), '지의류를 이용한 위성 모니터링'에 관한 정보를 준 한스 퇴메르비크(노르웨이 트롬쇠 극지환경센터)에게 고마움을 표한다. 원고에 대한 많은 견해를 제시해 준 올리버 길버트(셰필드대학교), 클리포드 스미스(하와이대학교), 피터 제임스(영국자연사박물관)에게도 감사한다. '교회 묘지 프로젝트'에 대한 아이디어와 도움을 제공한 톰 체스터, 현미경 촬영을 해준 피터 요크(영국자연사박물관), 전문적인 조력을 쏟아 준 영국자연사박물관의 사진가 팻 울슬리와 크리스 스탠리, 그리고 사진과 영상을 아낌없이 제공해 준 (위에 언급한) 지의학자 여러분께 감사드린다.

사진 제공자

달리 명시하지 않은 한 모든 이미지의 저작권은 영국자연사박물관에 있다.

모든 저작권은 저작자에게 있으며 저작자를 정확히 표시하기 위한 노력을 하였다. 만약 그렇지 못하였다면 사죄를 드리고 개정판과 재판에서 기꺼이 수정하겠다.

The Royal Collection © 2010, Her Majesty Queen Elizabeth Ⅱ; p.7 (왼쪽, 오른쪽), Stephen Sharnoff; p.10 Peter W. James; p.11 (왼쪽), Ian Munroe; p.11 (오른쪽), Rosmarie Honegger; p.29 (위), Stephen Sharnoff; p.29 (아래), Peter W. James; p.33 Rosmarie Honegger; p.34

(아래 왼쪽), Peter W. James; p.36, p.37 (위), Bruce Fuhrer, permission from Forestry Tasmania and the Tasmanian Herbarium; p.37 (아래), Burkhard Büdel; p.38 (왼쪽, 오른쪽), p.39 (위 왼쪽), Mats Wedin; p.40 (위), Peter W. James; p.40 (아래), p.41 (위, 아래), Stephen Sharnoff; p.42 Laurie Campbell; p.43 (위), Peter W. James; p.43 (아래), Laurie Campbell; p.44 (왼쪽, 위 오른쪽), Bryan Edwards; p.44 (가운데 오른쪽), Robert Lücking; p.46 Stephen Sharnoff; p.47 (위 오른쪽, 아래 왼쪽), Peter W. James; p.48, p.49 (왼쪽, 오른쪽), Tom Taylor; p.51 Peter D. Crittenden; p.52 (오른쪽), p.53 Peter W. James; p.54 (위), William Purvis; p.55 Martin Lee; p.56 (위), William Purvis; p.56 (아래), p.57 Stephen Sharnoff; p.59 (위 첫 번째, 네 번째), (아래 두 번째, 세 번째), Peter W. James; p.60 (오른쪽), Stephen Sharnoff; p.61 (왼쪽, 오른쪽), Bruce Fuhrer, permission from Forestry Tasmania and the Tasmanian Herbarium; p.63 (왼쪽, 위 오른쪽), Angela Newton; p.63 (아래 오른쪽), Robert Lücking; p.64 (오른쪽), p.65 Barabara Hilton; p.67 Peter W. James; p.68 (아래), Roger Rosentreter; p.69 Stephen Sharnoff; p.70, p.71 (위, 아래), Heribert Schöller; p.72 William Purvis; p.74 Peter Convey and British Antarctic Survey; p.76 Peter D. Crittenden; p.80 Peter James; p.84 (왼쪽, 오른쪽), Hans Tømmervik; p.85 (왼쪽, 오른쪽), Laurie Campbell; p.88 Jon Arne Seater; p.89 (왼쪽), Burkhard Büdel; p.89 (오른쪽), David Yetman; p.90 William Purvis; p.93 Stephen Sharnoff; p.96, p.97 (위), p.98, Ian Munroe; p.99 (아래), William purvis; p.103 Reprinted with permission from Nature 387, 483. © 1997 Macmillan Magazines Ltd and P.L. Nimis.

일러스트

p.9 adapted from fig. 3 in V. Ahmadjian, *The Lichen Symbosis*. John Wiley & Sons, New York, 1993.

p.15 adapted from fig. 2 in P. W. James & A. Henssen. In *Lichenology: Progress and Problems*, D.H. Brown, D.L. Hawksworth & R.H. Bailey. Academic Press, London 1976.

p.20, p.21 (아래) p.22 (아래), p.23 (오른쪽), p.24 (왼쪽) p.44 (아래 오른쪽) adapted from drawings by A. Orange in Purvis, O.W. *et al* (1992) *Lichen Flora of Great Britain and Ireland*. The Natural History Museum & British Lichen Society, London.

p.25 adapted from S. Ott, Bibliotheca Lichenologica 27: 81-93.

p.27 adapted from O.L. Lange, *Oecologia* 47: 82-87.

p.28 adapted from R. Honegger in *The Mycota* V. Part A., Springer Berlin 1997.

p.68 (위) adapted from E. Gaare & T. Skogland. In *Fennoscandian Tundra Ecosystems. 2: Animals and Systems Analysis*, F.E. Wiegolaski. Springer Verlag, New York, 1975.

p.79 adapted from D.L. Hawksworth & Rose, *Lichens as Pollution Monitors*. Arnold, London, 1976.

옮긴이의 말

지의류에 관한 책에 목말라하는 우리나라 독자들에게 이 책을 소개하게 되어서 매우 기쁘다. 저자인 윌리엄 퍼비스 박사는 지의류를 이용한 '환경오염 모니터링'의 전문가로 대기오염은 물론 중금속 오염, 방사성 오염 등에 관하여 여러 나라에 초청되어 연구를 진행하였다. 현재는 지의류를 이용한 환경 컨설팅에 주력하고 있으며, 특히 바위딱지지의류에 애정을 갖고 연구하고 있다.

퍼비스 박사는 40년간 세계 각처(특히 동유럽과 아시아 접경지역, 북극을 포함한 스칸디나비아 반도 등)에서 지의류 연구를 수행하였다. 주요 연구저서로 70년 만에 이루어진 개정판 『영국의 지의류(Lichen Flora of Great Britain and Ireland)』가 있고, 일반인을 위한 저서이자 한국어판으로도 출간하게 된 이 책 『지의류의 자연사(Lichens)』가 있다. 『지의류의 자연사』는 전세계적으로 지의류 관련 베스트셀러이다. 이 책은 지의류를 이용한 모니터링을 어떻게 하는지 일반인들이 이해하고 바로 할 수 있게 쉽게 저술했다.

1990년 내가 지의류 공부를 시작하였을 때 영국자연사박물관에서 퍼비스 박사를 처음 만났다. 그 당시 퍼비스 박사는 『영국의 지의류』를 집필 중이었는데 그가 가진 지의류에 대한 방대한 지식에 엄청나게 놀랐던 것을 기억한다. 지금도 세계 각지에서 지의류를 이용한 환경 모니터링이 활발히 이루어지고 있지만 그중에서도 퍼비스 박사는 단연 톱클래스에 들어가는 연구자이다. 후쿠시마 원전사고 이후 지의류에 축적된 방사성 물질 비교연구로 일본에 초청되어 연구를 진행하고 있다.

영국의 지의류 연구 역사는 유럽의 다른 나라와 마찬가지로 중세시대까지 거슬러 올라갈 정도로 길고 깊다. 수백 년 동안 세계 각지에서 채집되어 축적된 표본들이 영국자연사박물관 수장고에 수장되어 있다. 이 표본들은 과거와 현재를 비교하면서 미래를 예측할 수 있는 자료이어서 생명력 없는 건조표본이지만 살아서 움직이는 생물 못지않게 귀한 정보이다.

나는 1990년 지의학 연구를 시작하여 박사학위 후 일본 국립과학박물관에서 연구하다가 2007년 국립생물자원관에 오게 되었다. 우리나라에서는 생소한 생물인 지의류에 대한 이해가 척박한 현실에서 '어떻게 하면 일반인들이 지의류에 관심을 가질 수 있을까?', '지의류가 왜 연구되어야 하고 인류는 이 생물로부터 어떤 혜택을 얻는지 알릴 방법이 없을까?'를 고민하게 되었고, 일반인들이 지의류에 좀 더 쉽고 친근하게 다가가도록 하는 것이 나에게는 어려운 숙제였다. 이 문제를 그나마 속 시원하게 풀어준 2012년에 번역한 가시와다니 히로유키 박사의 『지의류는 무엇일까?』가 지의류에 대한 입문서였다면 이 책 『지의류의 자연사』는 조금 더 관심 영역을 넓히는 책으로 어느 정도 역할을 하리라고 본다.

2016년 9월 '지의류 종 다양성과 그 이용'이라는 국제심포지엄이 개최된다. 이번 심포지엄에 지오북에서 출판된 지의류 관련 책 2권의 원저자들 그리고 세계 유수의 연구자들과 함께 우리나라 지의학 역사에 남을 기념비적인 행사를 하게 되었다. 번역에 도움을 주신 백석대학교 윤서영 교수와, 이 책의 출판을 위하여 애써주신 지오북의 황영심 대표와 직원들에게 깊이 감사드린다.

지의류의 자연사
LICHENS
매혹적인 생명체 지의류의 생태, 다양성, 가치

초판 1쇄 인쇄	2016년 9월 12일
초판 2쇄 발행	2022년 3월 20일

지은이	윌리엄 퍼비스
옮긴이	문광희
펴낸곳	지오북(**GEO**BOOK)
펴낸이	황영심
편집	전유경, 김소희
디자인	김정민
주소	서울특별시 종로구 새문안로5가길 28, 1015호 (적선동 광화문 플래티넘) Tel_02-732-0337 Fax_02-732-9337 eMail_book@geobook.co.kr www.geobook.co.kr cafe.naver.com/geobookpub
출판등록번호	제300-2003-211
출판등록일	2003년 11월 27일

ISBN 978-89-94242-47-7 93480

이 책은 저작권법에 따라 보호받는 저작물입니다.
이 책의 내용과 사진 저작권에 대한 문의는 지오북(**GEO**BOOK)으로 해주십시오.

이 도서의 국립중앙도서관 출판시도서목록(CIP)은 서지정보유통지원시스템 홈페이지 (http://seoji.nl.go.kr)와 국가자료공동목록시스템(http://www.nl.go.kr/kolisnet)에서 이용하실 수 있습니다.(CIP제어번호: CIP2016021931)